高新技术科普丛书（第3辑）

天云地网织新城

——智慧城市的建设、管理和运行

主编　胡建国

SPM 南方出版传媒

广东科技出版社｜全国优秀出版社

·广　州·

图书在版编目（CIP）数据

天云地网织新城：智慧城市的建设、管理和运行 / 胡建国主编. —广州：广东科技出版社，2015.7（2022.11 重印）
（高新技术科普丛书. 第 3 辑）
ISBN 978-7-5359-6070-2

Ⅰ. ①天…　Ⅱ. ①胡…　Ⅲ. ①城市建设—普及读物
Ⅳ. TU984-49

中国版本图书馆 CIP 数据核字（2015）第 051012 号

天云地网织新城——智慧城市的建设、管理和运行
Tianyundiwang Zhixincheng
——Zhihuichengshi de Jianshe Guanli he Yunxing

丛书策划：崔坚志
责任编辑：区燕宜
装帧设计：柳国雄
责任校对：盘婉薇
责任印制：彭海波
出版发行：广东科技出版社
（广州市环市东路水荫路 11 号　邮政编码：510075）
销售热线：020-37607413
http：//www.gdstp.com.cn
E-mail：gdkjbw@nfcb.com.cn（总编办）
经　　销：广东新华发行集团股份有限公司
印　　刷：广州市东盛彩印有限公司
（广州市增城区新塘镇太平洋工业区十路 2 号　邮政编码：510700）
规　　格：889mm×1 194mm　1/32　印张 5　字数 120 千
版　　次：2015 年 7 月第 1 版
2022年 11月第 4 次印刷
定　　价：33.00 元

《高新技术科普丛书》（第3辑）编委会

本套丛书的创作和出版由广州市科技创新委员会、广州市科技进步基金会资助，由广东省科普作家协会组织审阅。

序一

PREFACE

精彩绝伦的广州亚运会开幕式，流光溢彩、美轮美奂的广州灯光夜景，令广州一夜成名，也充分展示了广州在高新技术发展中取得的成就。这种高新科技与艺术的完美结合，在受到世界各国传媒和亚运会来宾的热烈赞扬的同时，也使广州人民倍感自豪，并唤起了公众科技创新的意识和对科技创新的关注。

广州，这座南中国最具活力的现代化城市，诞生了中国第一家免费电子邮局；拥有全国城市中位列第一的网民数量；广州的装备制造、生物医药、电子信息等高新技术产业发展迅猛。将这些高新技术知识普及给公众，以提高公众的科学素养，具有现实和深远的意义，也是我们科学工作者责无旁贷的历史使命。为此，广州市科技创新委员会与广州市科技进步基金会资助推出《高新技术科普丛书》。这又是广州一件有重大意义的科普盛事，这将为人们提供打开科学大门、了解高新技术的“金钥匙”。

丛书内容包括生物医学、电子信息以及新能源、新材料等三大板块，有《量体裁药不是梦——从基因到个体化用药》《网事真不如烟——互联网的现在与未来》《上天入地觅“新能”——新能源和可再生能源》《探“显”之旅——近代平板显示技术》《七彩霓裳新光源——LED与现代生活》以及关于干细胞、生物导弹、分子诊断、基因药物、软件、物联网、数字家庭、新材料、电动汽车等多方面的图书。

我长期从事医学科研和临床医学工作，深深了解生物医学对于今后医学发展的划时代意义，深知医学是与人文科学联系最密切的一门学科。因此，在宣传高新科技知识的同时，要注意与人文思想相结合。传播科学知识，不能视为单纯的自然科学，必须融汇人文科学的知识。这些科普图书正是秉持这样的理念，把人文科学融汇于全书的字里行间，让读者爱不释手。

丛书采用了吸收新闻元素、流行元素并予以创新的写法，充分体现了海纳百川、兼收并蓄的岭南文化特色。并按照当今“读图时代”的理念，加插了大量故事化、生活化的生动活泼的插图，把复杂的科技原理变成浅显易懂的图解，使整套丛书集科学性、通俗性、趣味性、艺术性于一体，美不胜收。

我一向认为，科技知识深奥广博，又与千家万户息息相关。因此科普工作与科研工作一样重要，唯有用科研的精神和态度来对待科普创作，才有可能出精品。用准确生动、深入浅出的形式，把深奥的科技知识和精邃的科学方法向大众传播，使大众读得懂、喜欢读，并有所感悟，这是我本人多年来一直最想做的事情之一。

我欣喜地看到，广东省科普作家协会的专家们与来自广州地区研发单位的作者们一道，在这方面成功地开创了一条科普创作新路。我衷心祝愿广州市的科普工作和科普创作不断取得更大的成就！

中国工程院院士 钟南山

序二

PREFACE

让高新科学技术星火燎原

21 世纪第二个十年伊始，广州就迎来喜事连连。广州亚运会成功举办，这是亚洲体育界的盛事；《高新技术科普丛书》面世，这是广州科普界的喜事。

改革开放 30 多年来，广州在经济、科技、文化等各方面都取得了惊人的飞跃发展，城市面貌也变得越来越美。手机、电脑、互联网、液晶电视大屏幕、风光互补路灯等高新技术产品遍布广州，让广大人民群众的生活变得越来越美好，学习和工作越来越方便；同时，也激发了人们，特别是青少年对科学的向往和对高新技术的好奇心。所有这些都使广州形成了关注科技进步的社会氛围。

然而，如果仅限于以上对高新技术产品的感性认识，那还是远远不够的。广州要在 21 世纪继续保持和发挥全国领先的作用，最重要的是要培养出在科学领域敢于突破、敢于独创的领军人才，以及在高新技术研究开发领域勇于创新的尖端人才。

那么，怎样才能培养出拔尖的优秀人才呢？我想，著名科学家爱因斯坦在他的“自传”里写的一段话就很有启发意义：“在 12 ~ 16 岁的时候，我熟悉了基础数学，包括微积分原理。这时，我幸运地接触到一些书，它们在逻辑严密性方面并不太严格，但是能够简单明了地突出基本思想。”他还明确地点出了其中的一本书：“我还幸运地从一部卓越的通俗读物（伯恩斯坦的《自然科学通俗读本》）中知道了整个自然领域里的主要成果和方法，这部著作几乎完全局限于定性的叙述，这是一部我聚精会神地阅读了的著作。”——实际上，除了爱因斯坦以外，有许多著名科学家（以至社会科学家、文学家等），也都曾满怀感激地回忆过令他们的人生轨迹指向杰出和伟大的科普图书。

由此可见，广州市科技创新委员会与广州市科技进步基金会，联袂组织奋斗在科研与开发一线的科技人员创作本专业的科普图书，并邀请广东科普作家指导创作，这对广州今后的科技创新和人才培养，是一件具有深远战略意义的大事。

这套丛书的内容涵盖电子信息、新能源、新材料以及生物医学等领域，这些学科及其产业，都是近年来广州重点发展并取得较大成就的高新科技亮点。因此这套丛书不仅将普及科学知识，宣传广州高新技术研究和开发的成就，同时也将激励科技人员去抢占更高的科技制高点，为广州今后的科技、经济、社会全面发展作出更大贡献，并进一步推动广州的科技普及和科普创作事业发展，在全社会营造出有利于科技创新的良好氛围，促进优秀科技人才的茁壮成长，为广州在21世纪再创高科技辉煌打下坚实的基础！

中国科学院院士 张景中

前言

FOREWORD

随着智慧地球理念的提出与发展，近年来在中国也逐渐形成了智慧城市建设热潮。2012年中共广州市委、市政府正式印发《关于建设智慧广州的实施意见》；2013年住房和城乡建设部确定了103个城市为国家智慧城市试点；2014年经国务院批准八部委联合下发了《关于促进智慧城市健康发展的指导意见》，要求到2020年建成一批特色鲜明的智慧城市。智慧城市建设在我国已上升到国家经济和科技的战略层面。

智慧城市是运用物联网、云计算、大数据和空间地理信息集成等新一代信息技术，构建城市规划、建设、管理和服务的智慧化体系，实现城市化和信息化高度融合，实现人、物、城市功能系统之间无缝连接与协同联动的自感知、自适应、自优化，对人民生活、环境保护、城市管理、商务活动等城市功能做出智能的响应，具备可持续内生动力的安全、便捷、高效、绿色的城市形态。为了配合国家智慧城市建设发展需要，探讨智慧城市建设思路，特编写这部科普书。

本书共分6个部分，第一部分讲述智慧城市的由来，探寻智慧城市建设的顶层设计。第二部分结合国内外智慧城市建设特点，分析美国哥伦布、韩国首尔、新加坡、北京、广州和克拉玛依等城市的智慧城市建设情况。第三部分探讨智慧城市的基础设施。第四部分主要介绍智慧城市建设的新技术。第五部分描述智慧城市建设过程形成的新产业。第六部分呈现给读者的是智慧城市在城市管理方面的应用。

本书是智慧城市建设与发展科普书，旨在通过通俗易懂的语言介绍智慧城市建设与发展的基本知识、理论以及建设思想，探索智慧城市发展的未来面貌，给读者一个直观全面的认识。

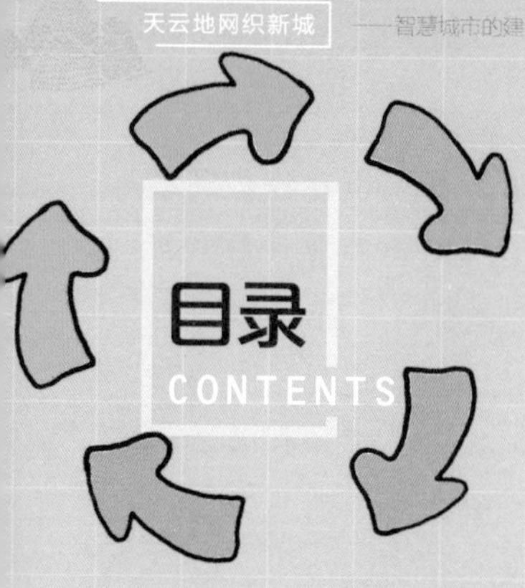

目录
CONTENTS

五 壮大智慧树枝——开发智慧城市新产业

六 丰满智慧树冠——智慧城市的管理和运行

一　智慧城市
——让城市更进步

小故事 世界上最早的城市

在古代神话中，一个伟大城市的诞生往往与神迹显现相伴。比如罗马城的诞生就与一对喝狼奶长大的婴儿有关，孪生哥哥叫罗马鲁斯，他和孪生弟弟莱谟斯在襁褓期就不幸失去母爱，陷身于荒野嗷嗷待哺，他们的哭声引来了一只雌狼的母爱关心。母狼于是来到孪生兄弟身边，哺乳养活了两个小兄弟。孪生兄弟长大后，在母狼哺育他们的地方——台伯河北岸建立起了罗马城。罗马鲁斯还雄心勃勃地誓言：“我的罗马将成为世界的首都！”罗马这个伟大的城市就此诞生，罗马的城徽就刻画着一只狼站着为两个婴儿哺乳的图像。据历史考证，罗马城的建立是在公元前650年。

据《全球城市史》的记载，世界上第一个城市是巴勒斯坦的杰里科。据考古学家的发掘和研究，发现这个位于中东约旦河谷的大村庄大约建立于9 000年前，它被称为“城市”的标识是一段带有圆塔楼的城墙遗迹，那显然是为保卫城市由居民修建的，而杰里科城内当时的居民达3 000多人，远远超过同时代的其他居民定居点人数，显然是周围村落的一个政治、军事、经济中心。

而中国最早的城市大约出现在5 000年前，那是大禹都城阳翟。在大禹的时代，大洪水在全世界泛滥肆虐，世界各地居民只有逃上高山或乘船（如诺亚方舟）逃命的份儿。唯独大禹想出了引洪入海和用土（即息壤）堵塞洪水泛滥去处的双管齐下的治洪方法，使华夏免遭洪水荼毒。据史书记载，大禹建造城墙以保护居民；掘井以饮，解决了城内居民定居的水源；造车以行，解决了运输交通问题；以铜造兵器，造弓箭守城，还有以货物交换为基础的早期商业，可见大禹的都城阳翟是世界上最早的具有较为完整意义的“城市”。

1 随风潜入夜，润物细无声
——智慧城市的渗透

小荷才露尖尖角——智慧城市的发展

所谓的智慧，并不只是一个隐喻的说法，而是实实在在存在于我们生活中的现象。20世纪以来，世界各国的城市普遍患上了严重的“城市病”：空气、水污染严重，道路拥堵，垃圾围城等，令城市管理者疲于应付。正是在这时候，新的智能技术进入我们的世界。智慧城市志在用智慧的信息科学技术帮助人们克服城市发展带来的种种弊病，让人们的生活变得更加美好。

小知识：

智慧城市的定义

智慧城市是把新一代信息技术充分运用在现实城市的各行各业之中的基于知识社会下一代创新（创新2.0）的城市信息化高级形态。智慧城市基于物联网、云计算等新一代信息技术以及维基、社交网络、Fab Lab、Living Lab、综合集成法等工具和方法的应用，营造有利于创新涌现的生态，实现全面透彻的感知、宽带泛在的互联、智能融合的应用，以及推动以用户创新、开放创新、大众创新、协同创新为特征的以人为本的可持续创新。

智慧城市的提出，是由于城市需要“大脑”。而“大脑”的任务，则是将城市经营起来。在过去不到一年的时间里，中国已确定100多个城市开展智慧城市试点。在中国，智慧城市建设已经形成燎原之势。

我们国家已经深刻认识到智慧城市建设不仅可以有效解决“城市病”，而且还可以激发科技创新、促进经济增长、推进社会发展，于是大家纷纷开始重视并利用信息技术的手段来转变并提高我们的城市管理水平和城市品位，探索智能、绿色、低碳的智能化城市道路。

让我们来了解一下广州在智能化建设方面的情况。电子政务方面，2012 年 12 月，广州市网上办事大厅正式开通，571 项政务实现网上办理；城市综合管理方面，广州已建成全市统一的社会治安视频监控系统和几十万个视频监控点；智慧医疗方面，广州市统一医疗机构诊疗卡——市民卡，建

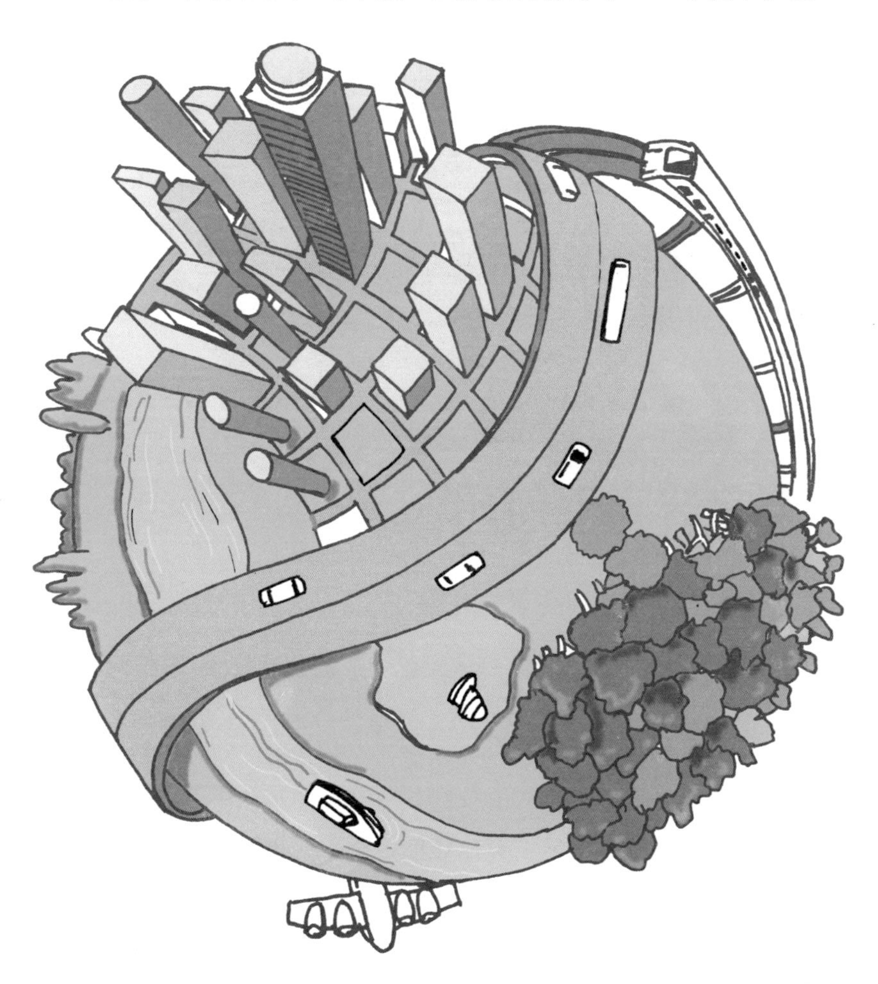

立全市医疗预约诊疗服务等应用，建立居民电子健康档案；智慧社区方面，华新智慧社区、越秀社区管理网格化系统、番禺智慧社区电子巡更等已开始运行；还有市民网页可以查询交通违章，可以缴纳社会保险、公积金、水费、电费、燃气费、移动话费、电信话费，让你足不出户也能完成这些烦琐的事。

 一个都不能少——智慧城市的未来

智慧城市走到今天，仅仅只是个开端。城市想要拥有“思维”和“感知”，首先要拥有各种“器官”。无论是云计算、物联网，还是整合应用、网络与通信管理、商业智能、智能移动终端，一个都不能少。

在智慧城市建设方面，中国其实走在比较靠前的。2009年8月，温家宝总理在无锡视察的时候，就指出要建立中国的传感信息中心或“感知中国”中心。此后，人们对“感知中国”、智慧城市的关注程度急剧升温。

那么，我们离智慧城市这个梦想到底还有多远呢?

目前，我国已经出现一些初级智慧城市应用案例和拥有一定技术积累，如交通管理系统、公共系统都是智慧城市的体现。我们现在已经有一些初级的使用案例，比如患者在运往医院的过程中随时都可以实时进行监控，患者出现突发情况可以及时发出信息，让远在医院的医生及时处理。智慧城市可以在医疗方面起到关键作用。此外，在食品上安装传感器，可以对食品的安全进行监控；在人体内安装不同的传感器，可以对人的健康参数进行监控，并且实时传送到相关医疗保健中心；还可以利用布置在大街小巷的监控摄像头，实现监控画面敏感性智能分析，并与110、119、120等相连，实现探头与探头、探头与人、探头与报警系统之间的联动，从而让我们的城市生活环境更安全、更智慧。

智慧城市的建设，将会促进人们消费模式和生产方式的变革和创新，实现节能减排，低碳环保。在消费方式方面，

人们可以通过网络消费、电视购物、远程服务等消费方式减少中间环节，实现成本节约与资源的循环利用，推进节能减排和产业转型；在生产方式方面，智慧城市建设将推动使用智慧技术，加强对高能耗、高污染行业的监管，改进监测、预警的手段和控制方法，从而降低经济发展对环境的负面影响，最大限度实现经济和环境的协调发展。

智慧城市的应用非常广泛，涉及人类生活的各个方面。如今的高新技术已经可以让传感器越来越微小化，甚至可以进入细胞中监控细胞的状况。对于电影《盗梦空间》里出现的进入他人梦境获取信息的情节，随着技术的进步，电影中梦境盗取信息的情节也可能会成为现实。

智慧城市离我们越来越近，我们正在逐渐适应和体验着她的每一个细小的部分。智慧梦想照进现实的时刻，即将到来！

 可持续发展——循环经济下的城市智变

随着智慧城市的建设，人们开始接触并亲身体会到智慧城市带来的变化，那么，我们能想象到未来城市会是怎样的吗？我们开始期待着未来：发个手机短信，就可为家中的花浇水；看公交站牌上的颜色，就可知道路堵不堵，下一班车几时到；智慧厨房可以进行食品溯源，还可以教你如何做菜，并为你配好菜单；家里耗电过度，社区的控制中心会及时告知用户将闲置光源关闭，并将空调温度自动调高，不仅节电，用户还将得到一定额度的补偿……这所有的一切，在未来都将成为真实，可持续发展和循环经济将不再是口号，而是现实的生活。

小故事 未来的生活

2020年某天下午，小美从工作中回过神来，发现已到了下班时间，小美轻点鼠标，一组指令信息自动传回家中。于是，电饭煲开始煮饭，热水器开始烧水，空调也乖乖的自动开启。

在城市应急救险方面，未来智慧城市也让我们更加安心。在未来，我们的城市在应急指挥应用中会利用高新技术，使救人抢险工作更加智能化。比如在消防救援中，消防战士单兵可配备高科技摄像头，组成高品质、高容量、可管理的移动视频系统，实现远程视频实时回传、双向语音通话，指挥中心可看到、听到火灾现场的情况、声音。

3D 打印把我们从工厂里解放出来，智能机器人将会变成我们生活中实实在在的帮手和伙伴，谷歌眼镜让我们拥有火眼金睛。我们不会再有空调，因为智能材料的房屋冬暖夏凉；我们也许不再需要手机，但是我们的通话会更加方便；我们上班、逛街也许不再需要自驾汽车，因为我们的公共交

通会更加的快捷。我们的衣服，是我们的装备；我们的意念，是我们的武器。这样，马路上将减少大量的小轿车，城市空气将不再受大量汽车尾气的污染，还城市以蓝天、白云和清爽宜人的空气，使城市可以持续有效地发展。

鸟语花香、水清天蓝、出行安全通畅、医疗健康便捷、公共服务高效热情、无线网络无处不在……这就是未来的智慧之城，可持续发展与循环之城。

智慧城市顶层设计

智慧城市系统化顶层设计的来由

人民生活水平在城市化进程中不断提高，然而与此相伴而生的是诸多社会问题，比如交通拥堵、污水横流、空气污染等都制约着城市可持续的发展，这些问题需要充分运用新技术、新手段、新方式加以解决。智慧城市正是在此情况下应运而生，以物联网、云计算等新一代技术为核心的智慧城市建设理念，成为一种未来城市发展的全新模式和解决方案。智慧城市的建设，有利于解决城市发展问题，有利于提升城市信息管理水平，有利于促进国家高端产业发展。智慧城市技术作为解决城市发展问题的重要手段，它通过全面且透明地感知信息、广泛且安全地传递信息、智慧且高效地处理信息，提高城市管理与运行效率，提升城市服务水平，促进城市的可持续、跨越式发展。以此构建新的城市发展形态，使城市自动感知、有效决策与调控，让市民感受到智慧城市带来的智慧服务和应用。

正由于建设智慧城市对发展地区社会、经济有那么多的好处，因此，2010—2013 年，我国就有 230 多个城市提出或者在建智慧城市，在全国形成了热潮。但其中也突显了一些城市不重视建设的绩效、不注意信息安全，没有在制度上制定配套政策等问题，也就是说，在建设智慧城市中缺乏顶层设计。同时，在建设社会城市的实践中，人们也开始领悟了智慧城市建设自有其本身的架构。

其中，最为人们所熟知的智慧城市架构都是以功能为基础，其塔基即智慧城市架构的第一层是感知层，第二层是网络层，第三层是平台层，第四层是应用层。智慧城市的感知层采用各类传感器、GPS、条码识别、电子标签、采集器等技术，构建智能的感知网络，对城市综合体的各个要素进行智能感

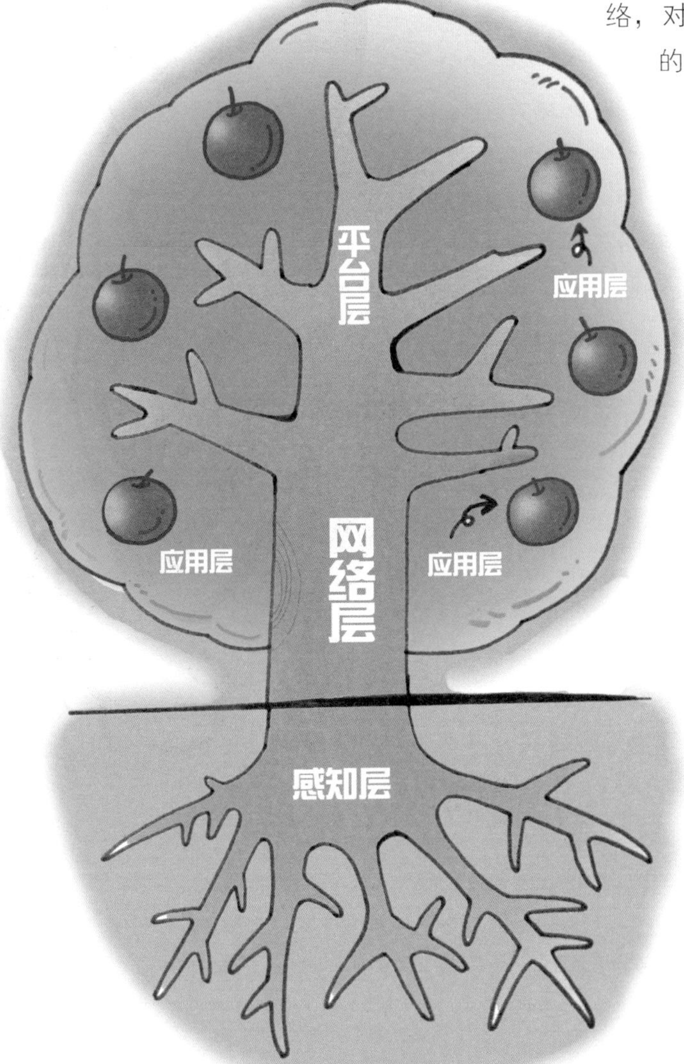

知、自动数据采集，涵盖城市综合体的各个方面，使城市基础设施实现智能化。智慧城市的网络层包括宽带互联网及移动互联网、宽带的广电网以及各种物联网，构建统一的网络管理中心、信息管理中心和信息安全管理中心。智慧城市的平台层以网络传输信息为基础，实现不同信息源的融合，搭建市民服务、企业服务和城市管理的公共服务平台。智慧城市的应用层就是在这些公共服务平台的基础上，通过新技术，实现民生、社会管理、交通、医疗、环保、安全等关键行业的应用。

由此可见，像这样涵盖广泛、门类繁多的智慧城市架构，更是需要有超前的眼光、通观全局的意识，制订周密、翔实、动态的计划——也就是要有先期的顶层设计，才能更好地建设智慧城市。

数字城市与物联网 ——物理层面的智慧城市顶层设计

在全新的智慧城市中，无论你在哪里，随时可通过手机和电脑，将办公室情况、家中所有电器设备的状态，甚至米缸内是否有米、冰箱内是否还有肉等信息尽收眼底，从而按照你的意愿控制相关的电气设备；自驾出行的市民通过北斗系统可以实现智能导航，能够预先规划路线并自动导航，随时通报道路通行情况，观察路况，选择最佳道路通行；只需一个账号，市民便可通过电脑、手机、平板电脑、电视机、Xbox 等各类终端在网上高速冲浪；企业办事人员坐在办公室，借助四通八达的网络和全球定位系统，便可在千里之外实时监控出口货物运输进度和货物安全情况……

我国是从 1998 年开始建设数字城市，当时是以地理信息系统 GIS 为核心，对现实城市（或称“物理城市”）进行数字化模拟。因此，数字城市的主要特点是地理信息的数字化，即数字城市是现实城市的数字虚拟影像。

从 2005 年开始，我国开始进入无线城市建设的时代，广州等大城市就是从那时加强无线城市的建设，其主要特点是全方位的信息化和互联化。如果说，数字城市的应用范围只限于一些专业城市测绘、规划等部门，那么无线城市则已将应用范围扩展到几乎所有的行业，服务对象涵盖政府、企业、市民等。如今，不少专家已把以上两类归为智慧城市的初期阶段，把数字城市称为智慧城市的 1.0 时代，无线城市称为 2.0 时代。2009 年以后，智慧城市进入 3.0 时代。

如果将人与城市类比，智慧城市是人的神经系统，数字城市是人的大脑或中枢神经系统，物联网则是人的神经末梢或周围神经系统，城市的中枢与周围神经系统的发展使城市信息化进入了智能化时代。智慧城市将是现代城市的不可或缺的组成部分，如同神经系统是人体的有机组成部分。数字城市负责城市各组成要素数据的处理、存贮、分析和表达，甚至包括对城市组成部分或要素的控制指令下达；而物联网负责各组成要素（物体）的信息采集和控制指令的传输和执行。由数字城市与物联网组成的智慧城市构成了一个动态信息采集（信号正向通路）、处理与分析以及反馈与控制（反馈通路）的闭环控制系统，促进了城市的数字神经网络系统的发展。数字城市与物联网的集成，使数字城市向智慧城市发展，物联网将进一步促进城市组成要素信息的信息采集和控制的智能化，构建智能环境，从而使城市的数字神经网络系统得到全面发展，使城市系统的行为智能化。

智慧城市的大系统
——功能化的智慧城市顶层设计

现代城市生活涉及政府、企业、市民三大主体和衣食住行各个方面，要建设智慧城市必须构建新一代信息基础设施，必须对城市中目前所有的信息系统进行综合集成与整合应用。

万丈高楼平地起，首先要夯实基础，引导电信运营商和用户，推进光纤网络入户到楼，加快老旧小区光纤入户改造，提高政府、企业和市民的互联网宽带接入能力，真正实现网速快、资费低、安全性高等要求。鼓励电信运营商在辖区公共场所部署 WiFi 无线宽带接入点，为公众提供免费无线宽带基本接入服务。大力推进新一代移动通信技术应用，优先布局 LTE（Long Term Evolution，长期演进）、4G 网络，积极开展试点示范。支持 IPTV（Internet Protocol Television，交互式网络电视）、移动多媒体等企业加大投入，加快发展。引导电信运营商不断提升带宽速率，降低资费，提高电信服务质量。

其次要布局实施，通过加强物联网、云计算、视频等技术手段在城市运行中的应用，实现智慧城市运行监测和智能安保应急，提高政府精准管理能力，使城市运行更加安全高效。利用物联网等信息技术，实现对城市井盖路灯、地下管线、建筑设施等城市部件的信息采集和运行监测。加快推进辖区内水、电、气等城市生命线智能化改造，建立动态监测、信息共享和科学决策的智能供气、供水、供电应用体系，提高城市运行保障水平。

要建设智慧城市必须构建新一代信息基础设施，并对城市中目前所有的信息系统进行综合集成与整合应用，综合利用信息、知识、经验等资源和智能技术，使城市管理精确高效、城市服务及时便捷、城市运行安全可靠、城市经济智能绿色、城市生活安全舒适。

城市化要素——社会系统化的智慧城市顶层设计

智慧城市建设的目的是要让城市更加宜居、更加美好，让人类生活更加幸福，人类社会更加进步，而与此同时，在建设中要尽力保护地球资源，要奉行“集约、智慧、低碳、绿色”的原则，保证城市和人类社会今后的可持续发展。因此，智慧城市的本质就是城市的未来发展方向。

当今的城市是人流、资金流、物资流、能量流、信息流高度交汇的巨系统。据统计，现代城市管理涉及的各个领域，包括市政基础设施、公用事业、城市交通、环境卫生、市容景观、生态环境保护、公共安全等。如果细分起来可达 1 000 多个方面。由此可见，要想很好地管理城市，并使它健康地持续运行下去，确实是一件很不容易的事。

比如在现实城市中，如今最令广州市民关注的几大问题，一是交通堵塞和停车场不足；二是空气和河涌污染，下雨天水浸街；三是食品、药品质量；四是居家安全、防火防盗。这些民生问题由于牵涉千家万户，因此绝不是小问题。同时，追究这些问题的起因，那就十分错综复杂。

由此可见，要解决城市管理和可靠运行的问题，首先就要做好顶层设计，要着眼于整体，理顺不同地域、不同部门的利益关系，按照每个城市的资源情况及其在所属地区的定

位来制订可执行、可监督、可落实、可考核的城市管理办法，并且要从城市管理者的视野、企业认识的角度和老百姓对智慧城市建设进程的切实感受这 3 个层面来判断每个城市的建设是否成功，或还有哪些不足之处需要继续改进。因此，智慧城市建设要因地制宜、因时制宜，从解决城市的实际问题入手，先做好具体城市的建设规划、设计方案，然后按照规划来进行城市基础建设、物联网建设和空间地理系统建设，也就是在数字城市建设的基础上，引入云计算和大数据等系统，对城市的管理和运行进行实时监测、分析和调控，从而达到智慧城市建设的目的。

二 智慧城市
——每个城市都是主角

小故事 古代城市设计和精华——网格化街区

世界上最早由设计师规划的城市是两河流域的乌尔。这个由古代苏美尔人在公元前2300年建成的城市位于如今属于伊拉克的两河流域下游，是一个奴隶制城邦；乌尔周边建有长达2千米的城墙，挖了护城河，从而把乌尔围成了一个形如“心脏”的城市，城市的“右心房”位置有月亮神南娜的三层高的神庙。

“心脏”顶端濒临幼发拉底河，乌尔人在城外河边挖了人工港湾，建起了码头；然后以港湾为起点，在城市内接近王城的河滨挖了另一条运河和人工港湾，建起另一个码头，以运送物资到王城。

王城神庙旁建有王宫和井然有序的贵族居住区。但王

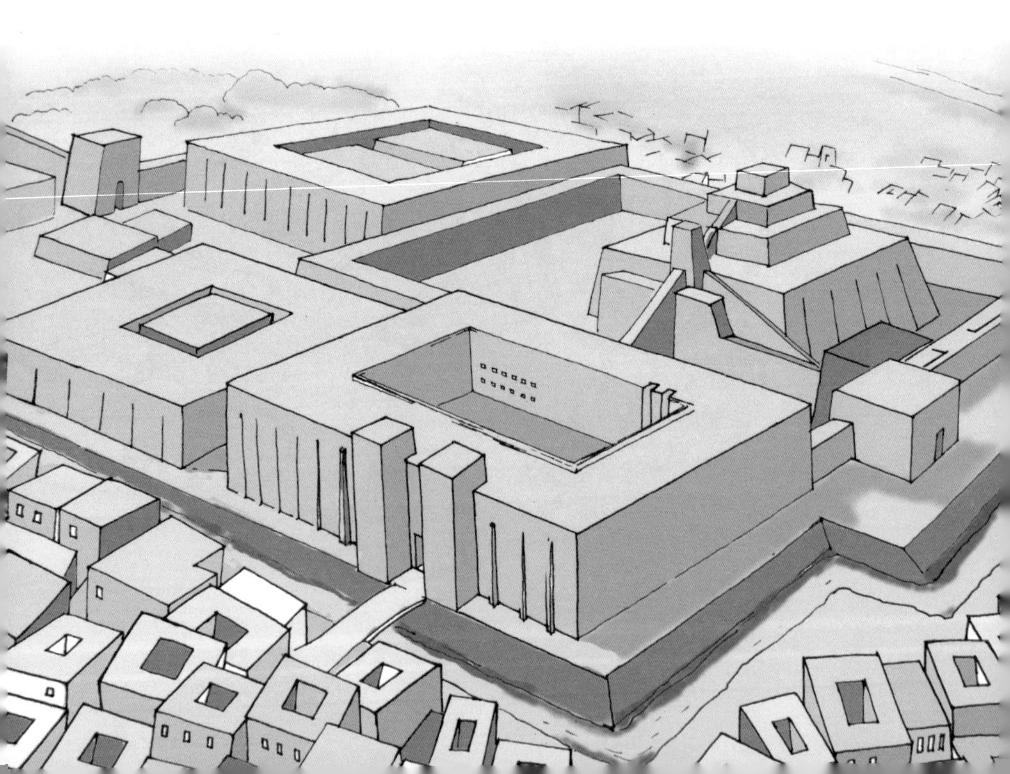

城围墙以外的平民区道路曲折狭窄、垃圾遍地，泥砖房子建得杂乱无章，难容车辆行驶，乌尔城的一切运输只能靠运河。乌尔对美索不达米亚各地的控制维持了大约100年，而乌尔的“城中城”规划模式，在美索不达米亚平原维持传承了1 500年。

欧洲最早的城市规划是由希腊人开始的。公元前5世纪，希腊城市设计师伊帕达姆斯在雅典港区按照严整的方格式标准，建起了新的雅典城。

此后的马其顿人、罗马人也都对雅典城市模式情有独钟，并在此基础上吸取建造军营的经验，以方格形式建造城市。为此，罗马人还专门设计了测绘仪器，以确保城市的街道垂直交叉，街区呈方格形。但古罗马城后来由于人口大量涌入，造成商业区、居民区建筑拥挤，道路狭窄曲折，

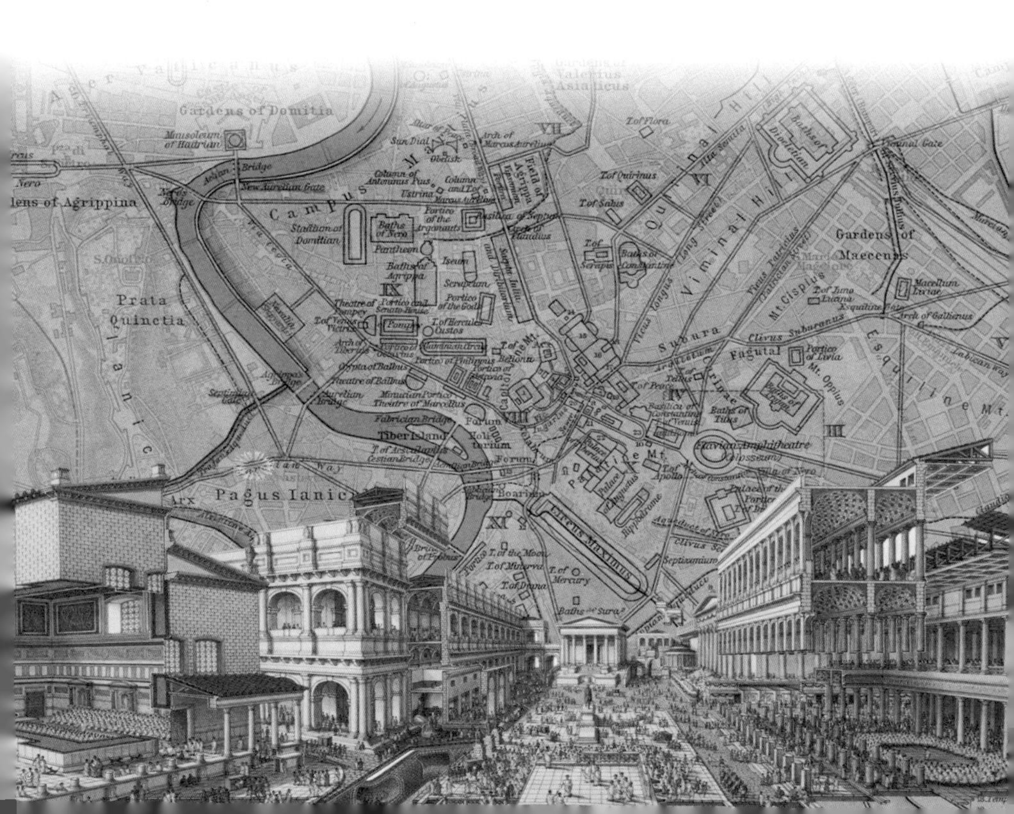

市区呈现杂乱肮脏的不堪景象。

在古罗马文明湮灭的同时，东方的中国崛起了一个伟大的城市——唐代都城长安，它是在隋唐开皇年间（约公元590年）开始兴建，在唐代完善设计建造的。长安城南北长8 470米，东西长9 550米，面积达80 888千米^2，比当今的北京旧城还要大。皇宫和皇族居住的皇城在长安北部中央，长安城市区中间有一条长约4 500米、宽约80米的中轴大道，纵贯南北，把市区分为东市、西市两部分，市区犹如棋盘状。全城共建106坊，各坊之间有南北大街14条、东西大街11条，大街两旁植树成荫，砌有排水沟。

唐代长安的城市规划模式规整合理，东西对称，符合儒家和佛教禅宗的古代哲学思想，因此尽管唐代在公元907年被推翻，长安城也被毁为废墟，但唐代的棋盘状城市规划模式仍一直传承了下来。

纵观古罗马和长安城的街区规划，都不约而同地选择了方格形模式，这表明方格形街区方便管理，整齐美观，是城市规划的上佳选择，也为当今城市职责清晰、任务到人的网格化管理树立了成功的典范。

1 百花齐放
——建设中的中国式智慧城市

智慧北京向世界城市迈进

在2009年，北京市政府发布2009—2012年北京信息化基础设施的提升计划，在全国率先提出建设“城乡一体化数字城市”的目标，建设内容包括互联网宽带、高清数字电视和移动多媒体系统、信息管道和地铁内信息化基础设施、第三代移动通信和宽带无线接入、政务信息化基础设施以及电子商务等多个领域。

2010年，北京已建成国内领先的3G网络、20兆宽带覆盖最广的信息网络以及用户最多的高清交互数字电视网络，信息化水平处于国内领先，“数字北京”基本实现。

围绕北京建设中国特色世界城市的战略目标，北京信息化发展也步入“智慧北京”新阶段。北京将围绕城市智能运转、企业智能运营、生活智能便捷、政府智能服务等方面，全面启动智慧城市建设工程，并将智慧城市建设写入“十二五”规划。

2012年3月，为形成信息化与城市经济社会各方面深度融合的发展态势、使信息化整体发展达到世界一流水平及从“数字北京”向“智慧北京”全面跃升，北京市政府发布了《智慧北京行动纲要》，编制了“智慧北京重点工作任务分工”和“智慧北京关键指标责任表”，标志着智慧北京从理论到实践的战略转变。各相关行业主管部门组织电信运营商、公共事业单位制订企业应承担的“智慧北京”建设计划。

（1）北京的烟花爆竹综合监控系统

2011 年，北京建设了烟花爆竹综合监控系统，应用物联网射频识别技术和视频监控技术实时获取有关感知信息，对全市烟花爆竹销售、储藏点和运输车辆进行监控和智能分析，提高安全监管等部门对烟花爆竹存储、运输和销售的实时安全监管能力，表现了负责任的政府对市民安全的重视。

（2）北京的电梯远程智能监控系统

2012 年 2 月，将电梯远程智能监控系统项目列入北京市 2012 年为群众拟办的 35 项重要实事之一。目前，该项目已在东城区重要场所和重点单位的约 2 000 部电梯展开，为这些电梯安装了物联网应用传感器和数据采集终端设备，实现电梯前端信息采集与上报。然后通过网络将数据和视频信息上传至市级监测平台进行分析、应用，并可以和其他政府部门互联互通。

"天云计划"助广州建设智慧城市

广州作为全国三大互联网出口枢纽地之一，正在大力推进智慧城市和信息化建设。

广州以智能化信息技术设施为依托，实现城市各种信息的广泛自动感知、网络的互联互通、信息整个共享、应用系统的协同运作和海量信息的智能化处理，促进城市经济、社会、人文、产业等各种人文要素的融合互动和转型升级，从而催生城市新的服务管理模式、运营模式、生活模式和经济

发展模式，以构建新的城市、新的业态。

广州智慧城市建设的重点是构建一个智慧城市的树型框架，像一棵智慧树一样，建立一批智慧的新设施来植好这个树根；通过研发和自主开发一批新技术；发展一批智慧新产业来丰满、茁壮树枝；着力推进智慧城市新应用来丰富树叶；打造智慧新生活，结出智慧城市的硕果。综合起来，就是要信息网络广泛覆盖，智能技术高度集中，智能经济高端发展，智能服务高效运营，这样构建智慧城市的运行体系。

广州智慧城市建设的重点是加强网络层建设的“无线城市”和大数据处理的“天云计划”。

一是加强信息基础设施建设，将智慧城市“树根”做实。大力推进智慧城市“五个一”示范工程，加快推进覆盖全市

的“无线城市”宽带网络、光纤到户、第四代移动通信网和三网融合等新一代信息通信网络建设，加快广州超级计算中心、国际云计算中心、城市海量信息资源库、电子政务云计算平台等战略性基础设施建设，打造世界级超级计算中心和云计算服务枢纽，打造“天云计划”。建设城市智能化管控中心，连接全市各部门的智能化信息平台。

二是组织突破智慧城市新技术，将智慧城市“树干”做强。加强物联网、云计算、新一代通信网络、高端软件、智能终端等重点领域重大智慧技术攻关，加快前沿技术在经济社会发展各个领域的推广运用，为智慧城市建设提供强大的技术支持。

三是推动智慧城市新产业发展，将智慧城市“树枝”做壮。做大做强智慧产业，大力发展智能装备、智能物流、智能港口、智能金融。把电子商务作为重要的战略性新兴产业来抓，加大政府扶持力度，加强电子商务企业的引进和培育，健全公共平台和支撑体系，促进实体市场和网上市场有机结合、联动发展。

四是推广智慧应用服务，将智慧城市“树叶”做茂。加强城市智能化管理，推进电子政务服务，提升政府管理和公共服务能力。推广智慧民生服务，构建涵盖医疗、社保、教育、文化、社区、家居等重点民生领域的智能化基本公共服务体系，积极探索市民卡在电子商务、电子服务、电子社区等领域的便民应用，培育智能化生活环境。完善市民网页建设，将网办事项与市民网页对接，通过市民网页向市民提供一站式直通服务。

 克拉玛依营造安全城市

2014 年 1 月 16 日，中国城市竞争力研究会发布 2013 年中国最安全城市排行榜（30 强），克拉玛依以 80.24 总分排名第 17 位。这是克拉玛依第二次入选“中国最安全城市竞争力排行榜”，依然是新疆唯一入选城市。2012 年，克拉玛依曾排名第 18 位，也是新疆唯一入选城市。

最安全城市的主要特征：当年无重特大安全事故，社会治安良好，投资环境优越，生产事故少发，消费品安全，生态可持续发展，能为市民、企业、政府提供良好的信息网络环境和强有力的信息安全保障。每至年末，相关机构组织专家，从当年无重特大安全事故、社会治安、投资环境、消费品安全等方面进行数据分析，得出“中国最安全城市排行榜”。

2013 年，克拉玛依全年不间断地应急响应，全警高度戒备，扎实推进专案侦查、阵地控制、治安防范、安全保卫、网格化巡逻、清查整治等各项维稳防控工作，确保了城市平稳安定。刑事案件同比下降 7.5%，道路交通事故同比下降 28.6%，火灾事故无人员伤亡。

自 1996 年起，克拉玛依城市的报警与监控系统经过三期建设，已经完成了 1 个市局指挥中心、8 个二级公安分局 / 派出所监控分中心、400 多个前端点的建设，并入新疆公安厅平安城市联网大平台，系统容量超过 10 000 点，并与各地平安城市系统异构联网融合。

在市局指挥中心，完成所有前端监控点在 110 大楼指挥中心的数字及模拟监控，完成视频的集中存储，完成所有前端监控点的模拟及数字控制，完成数字视频管理平台的搭建，

完成三台合一系统接口的开发和建设，完成其他单位监控系统接口的预留及开发，完成对所有分局、派出所二级监控中心的管理，完成对全系统所有系统操作人员的权限划分及管理，完成全系统的协调统一管理。

2 各显神通
——国外智慧城市建设

冒险的“哥伦布”——科技见证实力

20 世纪 90 年代以来，随着信息技术和互联网的发展，

世界各组织和各国政府相继出台了“创新型城市”“数字城市”“智能城市”“知识城市”“可持续发展城市”等现代城市发展理念，直到 2009 年，在美国提出了最新的“智慧城市”发展理念。2009 年 1 月 28 日，才刚上任的美国总统奥巴马会见了 IBM 总裁彭明盛。彭明盛向奥巴马提出“智慧地球”概念，建议投资建设新一代的智慧型信息基础设施。而同年 9 月，艾奥瓦州迪比克市和 IBM 共同宣布，将共同建设美国第一个“智慧城市”——一个由高科技充分武装的 6 万人社区。在当时，很多人都只是刚听说智慧城市这个词，还未了解这样一个词能给他们的生活带来怎样的变化。

迪比克风景秀丽，密西西比河贯穿城区，它是美国最为宜居的城市之一。美国利用物联网技术，在这样一个有 6 万

居民的城市里将各种城市公用资源（水、电、油、气、交通、公共服务等等）连接起来，并实现侦测、分析和整合各种数据，其他应用各种智能化技术做出响应，为整个城市的人员提供智能化服务。

迪比克的第一步是向住户和商铺安装数控水电计量器，

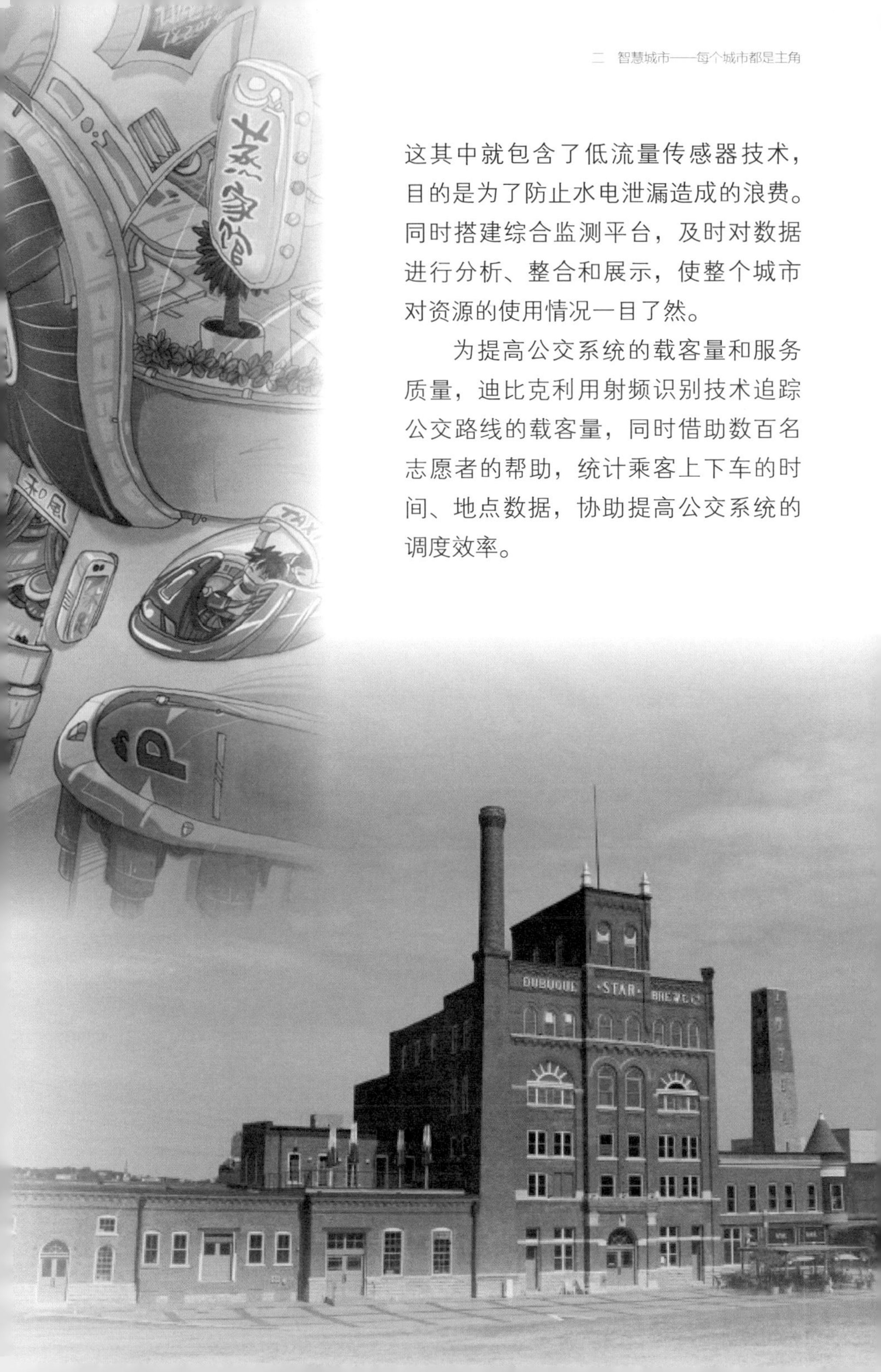

这其中就包含了低流量传感器技术，目的是为了防止水电泄漏造成的浪费。同时搭建综合监测平台，及时对数据进行分析、整合和展示，使整个城市对资源的使用情况一目了然。

为提高公交系统的载客量和服务质量，迪比克利用射频识别技术追踪公交路线的载客量，同时借助数百名志愿者的帮助，统计乘客上下车的时间、地点数据，协助提高公交系统的调度效率。

而在刚过去的2013年，美国的哥伦布，一座具有众多人口和文化多样化的城市，入选为2013年度全球7大智慧城市之一，这座城市又是怎样显示出它的智慧呢?

哥伦布从来就不是信息经济时代的落后分子，早在1987年，哥伦布就成立了超级计算机中心。而在2013年5月，哥伦布完成北美最快的无线网络系统，并集成商业区和住宅区的高容量网络服务及公共安全摄像机系统。让整个城市不仅实现智能监控，还将能对突发事件作出及时响应。

如果说信息基础为哥伦布提供了高效沟通的可能，那么无处不在的社会网络则为哥伦布高效的交流提供了动力。哥伦布的政府、大学、企业和非营利组织之间存在大量的信息接口，而这些信息接口借助畅通的信息高速公路，让哥伦布成为一个处处都有绿色的有机整体。

小知识：

物联网技术

物联网的内涵就是物与物相连的网络。其实质就是经过约定的协议，通过信息感知装置（如各类传感器），通过互联网进行信息交换与通信，最终实现物的定位、识别、监控和管理。

传感器技术是关于敏感元器件及传感器的设计制造、测试、应用的综合性技术。

 智慧狮城——花园城市

在 IBM 公司提出“智慧的地球”理念之前，新加坡市政府已经为这个城市设计了一幅“智慧国”的蓝图。2006 年，新加坡正式启动“智慧国 2015”计划，明确提出要用 10 年时间，将新加坡发展成智慧国家和全球化的大都市。

10 年一晃过去了一半多，新加坡的“智慧国”打造得怎样呢？

在宽带网络方面，2009 年新加坡铺设新一代全国宽带网络，并已覆盖新加坡 95% 的家庭和企业。4G 网络也基本实现了全岛覆盖。可以说，在无线新加坡计划中，居民只需要有一个本地的手机号便可以登录免费 WiFi，目前新加坡已有超过 180 万名的用户使用该项服务。当然，免费 WiFi 的普及仅仅是新加坡“智慧国 2015”的冰山一角。

在医疗领域，得力于高速网络条件，新加坡让远程医疗不再仅仅停留在概念之上。例如，如果一位行动不便的老年人患有眼部疾病，完全不必要亲自前往医院。通过高分辨率的摄像头，医生可以在摄像头的另一端观察到患者眼部极其细微的病变，并且可以在线完成接诊。

在教育领域，新加坡推出“未来学校”和“未来教室”计划，让老师和学生对此充满了期待。在新加坡未来学校的试点之一——康培小学，为了打造寓教于乐，更具吸引力的学习体验，校方建造了由 14 块巨型屏幕相连的 4D 拟真实验室，在拟真实验室的一堂热带雨林的学习课中，学生可以通过触碰同步多点触屏与 4D 环境直接互动。在教室中，所有

的教学实现无纸化，学生人手一部定制的平板电脑。这部分资金全部由学校承担，对于这种融合了多媒体的教学，学生可以自由选择参加或是退出。

而在供应链及物流领域，新加坡发起电子空运计划，志在以电子数据取代传统纸张，实现本地空运货品程序向无纸化迈进。

当然，除了在多领域为民众提供智能化服务外，新加坡市政府还不忘为自身提供新的工作环境，规划“电子政府2015”，以后无论是在互联网上纳税申报还是申请商业执照，新加坡人和他们的企业可以全天候享受到由政府提供的多项便捷的在线服务及移动服务。新加坡“智慧国”，从认识到规划，从规划到实施，一步步走来，一路水到渠成。

 无所不能的首尔——U-City 慧民生活

早在 2003 年，韩国政府就推出“U-Korea”（即 U 韩国）的发展战略，希望把韩国建设成资源数字化、网络化、可视化、智能化的智能社会。“U”是英文单词“Ubiquitous”（无处不在）的简写。经过多年的实践，韩国一些城市已进入 U-City 时代。

2006 年韩国在首尔启动了“U-City”计划，意为“无处不在的城市”。通过这套智能系统，市民可以通过智能终端发送请求，即可在城市的各个角落方便地操控家中的电子电器设备洗衣、做饭，家里有未成年人的还可以实时追踪未成年子女的动向。如果你想知道现在是否适合外出，U-City 可自动给手机发送短信提示气象、交通等信息。如果有老人、残疾人或小孩过马路，设在斑马线两端的 U-City 感应器捕

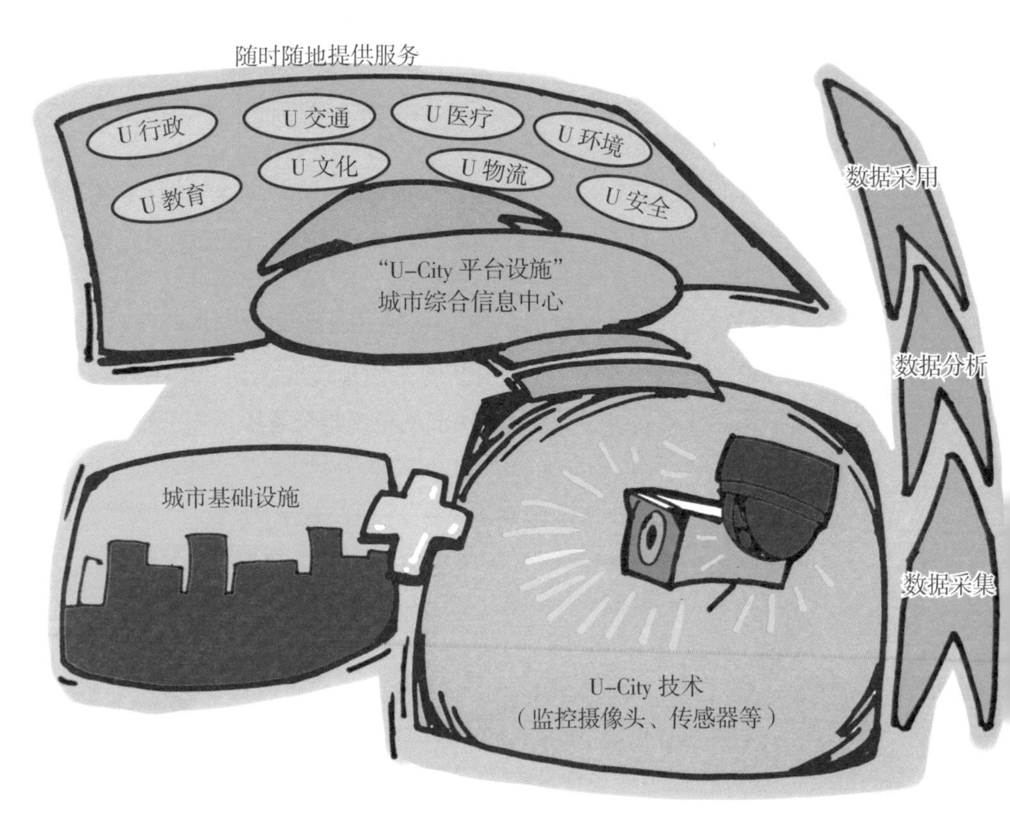

捉到信号后会适当延长红灯时间，保证他们顺利通过，还可以通过车载系统提醒正在接近的司机减速慢行。

去过首尔的人就知道，首尔还有条媒体街，街道两边立有许多媒体柱。这些连接了 U-City 的媒体柱包括了街灯、视频监控探头、LED、网络摄像头、触摸屏、安全指示灯、麦克风等诸多功能，如果你是个 3C 达人，利用媒体柱可随时上网、拍照、玩电子游戏，甚至还可以电子投票。

在城市环境方面，U-City 可以根据空气可吸入颗粒物浓度，自动开启道路洒水系统，降低污染的同时减轻城市热岛效应。

在城市公共安全方面，首尔利用无线传感器网络系统，实时监测水流量、水压和水质；而在监测火灾时，则可以利用红外摄像机和无线传感器网络，提高火灾监测水平；当住宅遇到险情，监控中心可以监测事发现场，通过广播、短信公布险情。

不单首尔，韩国仁川松岛也被很多人看成是全球智慧城市的模板。这座崭新的智慧城市位于首尔以西一处人工岛屿上，被称为“盒子里的城市”。在松岛，电梯只在有人乘坐时才会启动。在各家各户，远程呈现设备像洗碗机一样普遍。住户不仅能控制供暖和防盗，还配备视频会议设备，能接受教育、医疗和公共福利。韩国无处不在的智能化设备与服务，让它当之无愧的走在世界智慧城市的前列。

三　植好智慧树根
——建设智慧城市基础设施

小故事 广州城市规划沿革

传说在上古时代，有5位仙人骑着5只羊，降落在珠江边的贫瘠之地，给那里的人们送来了丰硕的稻穗。从此，广州这片土地就变成了丰饶的米粮之乡。实际上，广州是在公元前214年由秦朝大将任嚣南征百越时，以今小北路以西至北京路范围内建立的“任嚣城”为雏形。公元前204年，赵佗在番禺建立南越国称帝，其王城就在今北京路广东省财政厅至越秀山下。公元226年，三国时代的吴国把番禺改称“广州”。

广州是中国的南大门，历史上商业气息浓厚，历代当政者或有规划城市之意，但在贵族、商贾的干预下，却难以建成如北方城市那样的棋盘式结构。直至明代初年，大将朱亮祖镇守广州，在越秀山上建起镇海楼，又拆了隔离市区的三座宋代小城，至此时广州的中轴线“镇海楼——

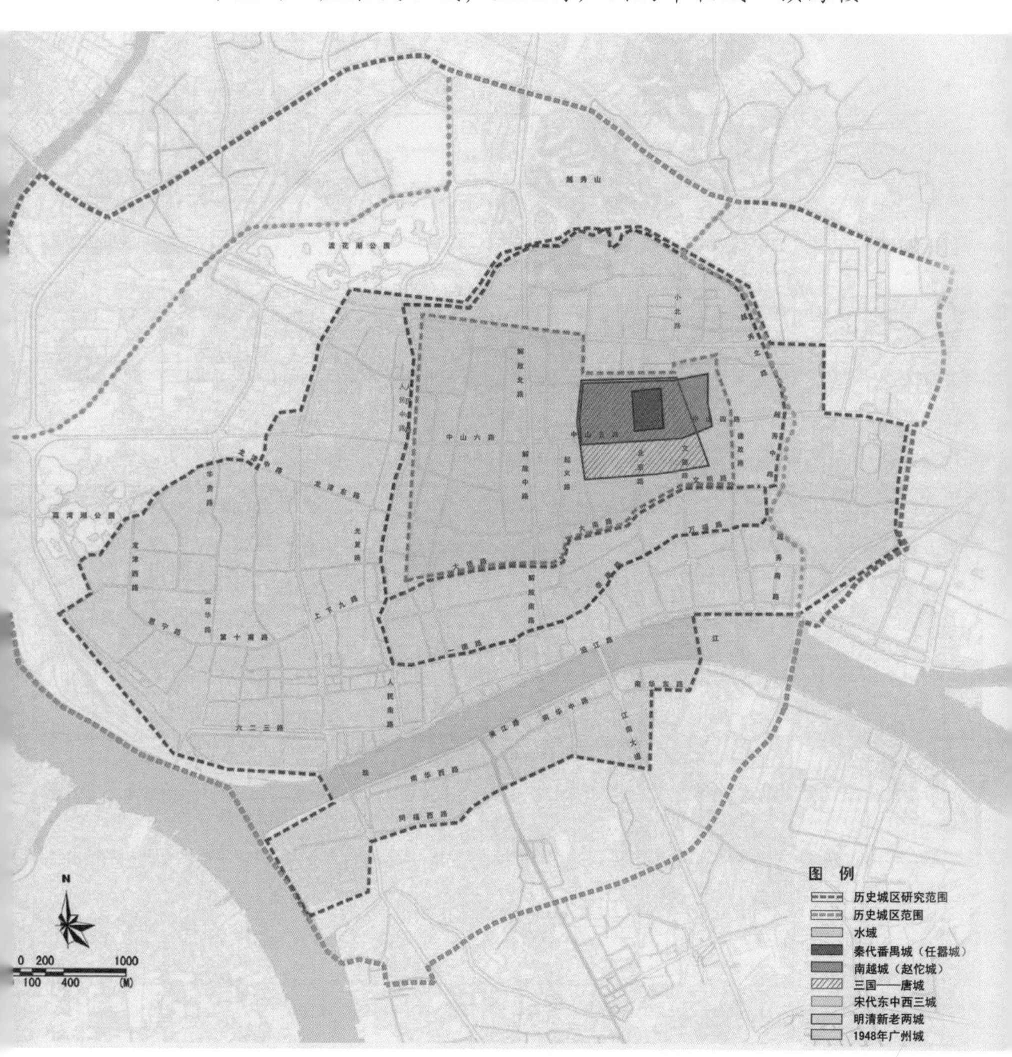

今广州起义路”才得以显现。又如20世纪20年代，陈济棠主粤时期，意图在西关开马路建街区，却被沿路有财有势的居民屡次“财谏”势压，结果把西关的马路修得歪歪扭扭、有宽有窄，布局凌乱得不成样子。

莫斯科道路网

20世纪50年代中期，广州的城市规划又倾向于莫斯科的蜘蛛网状城市干道布局。莫斯科结构，是以城市中心广场——红场为核心，几条放射状马路干道从市中心直射郊区，一圈圈环形干道网则连接着放射出来的马路，看起来就像一张蜘蛛网。

20世纪60年代，广州城市规划部门根据英国40年代城市设计家的“卫星城”新概念，提出了在员村、芳村、黄埔、新华、街口等大工厂区建设卫星城的规划，以疏散城市人口。

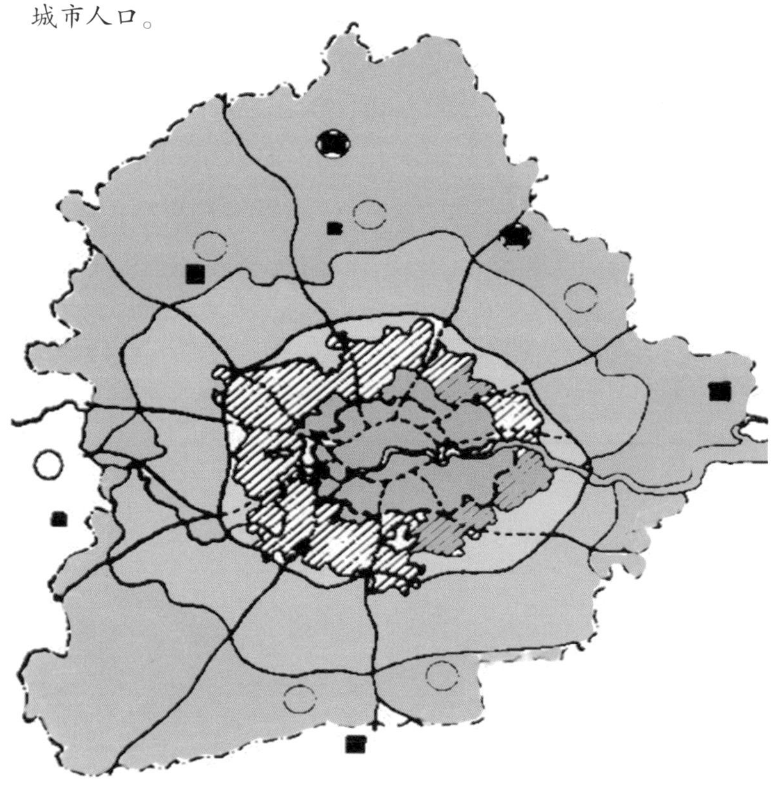

大伦敦规划结构

智慧城市建设的布局

智慧城市需“对症下药”

智慧城市以云计算、物联网和移动互联网等信息技术为基础，通过感知化、互联化、智能化等方式，可促进体制机制及运营模式的创新，优化资源配置，降低城市运营成本。政府的运转效率高了、企业的商品价值大了、人民的幸福感强了。这一切美好的未来愿景都需要从基本做起，即加强基

础设施的智能化建设，从而实现人与物之间的互感互通、信息的加工处理与挖掘。进而对城市进行科学化、精确化的管理。智慧城市基础设施建设是一项基础性、关键性、支撑性的工作，其直接决定智慧城市建设的成败。

既然我们看到了建设基础设施的重要性，那么我们该如何打响智慧城市建设的第一炮呢?

目前，许多城市已经开始了智慧城市的建设，如北京的"无线北京"、上海的"智慧世博"等，无论是规模还是成效上都取得了不俗的成绩，同时也积累了一些宝贵的经验。俗话说万事开头难，存在的问题和不足也不少，概括起来有四点：一是缺乏有效规划，顶层设计不够清晰，缺乏长期性、全面性，导致不少重复建设；二是信息孤岛现象严重，各部门各行业都在搞信息化，但不能连接起来实现信息共享，发挥综合效应，人口、法人、自然资源和宏观经济等四大数据库，至今仍各行其是；三是缺乏完整科学的标准体系，不但缺乏统一的城市信息化标准体系，不同部门组织制订的信息化标准也不协调；四是没有合适的建设运营管理模式，还没有根据城市大小、功能规划、地理环境等特点，探索出智慧城市建设与运营管理的相应模式。建设智慧城市，一定要结合自身城市特点，就像聪明的医生对症下药一样，找准城市定位，才能事半功倍。

智慧理念"运筹帷幄"

升级一个软件，只需要相关补丁即可，但升级一个城市，却要通盘考虑。在盘根错节的状态下，智慧城市如何前行?古语说：运筹帷幄之中，决胜千里之外。凡事预则立，做事首先要有整体的思路，由思路出发，循序渐进，通过各方面的合作，再难的事情也能够完成。针对智慧城市，就总体效果而言，需要做到“三化”。一是要实现感知化，通过安装各种传感器，将各类基础设施工作运行状况进行感知；二是要实现网络化，构造一张网，将已被感知的基础设施联结起来，使物和人之间能互相沟通、交流；三是要实现智能化，对各类信息、数据进行处理加工，使人能获得比过去更加准确、高明的智能化决策，创建一种比过去更安全、便捷、高效、环保的城市生活。

智慧城市的运作形态应该是这样的：遍布各处的传感器和智能设备组成物联网，对城市进行全面感测；物联网与互联网、通信网完全连接和融合，将数据信息进行整合和传输，提供给各类基础设施，使之“智慧”起来；各个应用系统和参与者进行和谐高效的协作，完成各项服务和信息提供；最终形成智慧化的基础设施、智慧化的民众应用、智慧化的产业应用。从而实现对城市各领域的精细化、动态化管理。

小档案：

“智慧城市”是一个全新的理念，是城市建设与发展的宏伟蓝图和长期目标，大家都在摸索中发展和前行。总结这些年来我国各地的经验教训，今后推进智慧城市建设，应着重把握好以下几个问题。

（1）要有一个完整规划

根据城市的规模、功能、产业、环境以及服务理念，切实抓好智慧城市的顶层设计和建设规划，并用规划引领云计算、物联网、市民卡等信息化重点工程和招商引资（智）工作。

（2）要有一套政策扶持

政府相关部门要及时出台政策，对智慧城市建设进行规范和扶持，明确任务目标和方法步骤；明确牵头部门，加强多方合作；明确政策指导，推进资源整合和信息共享；明确资金、人才等要素支持。

（3）要建立标准体系

依据自身特点和建设目标，探索建立相对统一的信息技术开发、产品研制、系统建设、运行与管理等方面的标准，总结出不同类型城市使用的建设与运行模式，由点到面，逐步推广。

（4）要分段逐步实施

建设智慧城市不是一蹴而就的，至少要花3~5年，甚至更长时间，要紧紧咬定规划目标，分段逐步实施。一年建几项重点工程，几年下来就积少成多，集腋成裘，就能盖好智慧城市这座“大厦”。

（5）要抓好基础设施建设

主要是公共基础设施和信息基础设施建设，这些都是智慧城市的基础。基础打牢了，网络层、应用层、平台层的建设就会稳步推进，加快发展。

智慧城市的建设不只是一份规划报告，也不是若干信息化项目的简单叠加，而是统筹协调部门、建设阶段、建设主体和建设时间的统一体。在建设过程中，应秉承建设主体从上到下、建设精度由粗到细、建设层次由低到高的原则，将智慧城市逐层细化，规划不同的建设路径，在项目建设中，需统一的组织、管理、协调、监督，持续打造基础设施完备、业务运作高效、信息化相应迅捷的智慧城市建设环境。

一个智慧理念，已在人们的期待中到来；一种智慧生活，正在人们的期待中到来；一座智慧城市，同样会在人们的期待中到来。只要我们登高望远，敞开心胸，海纳百川，我们所期待的都会慢慢到来。

建好智慧城市的神经网络
——网络设施的搭建

网络设施作为智慧城市的神经结构，起到了连接、传递信息的功能，是智慧城市建设的重要一环。网络设施包括互联网、物联网、通信网等，要达到智慧城市的基本需求，必须对传统的互联网、通信网进行改造，同时要大力发展物联网。

智慧城市运行的关键部件——传感器

随着科技的发展，人类的生活正发生着点点滴滴的改变，科技发展的脚步，使我们的生活更加多姿多彩。人类已经置身于信息时代，而作为信息获取最重要和最基本的技术——

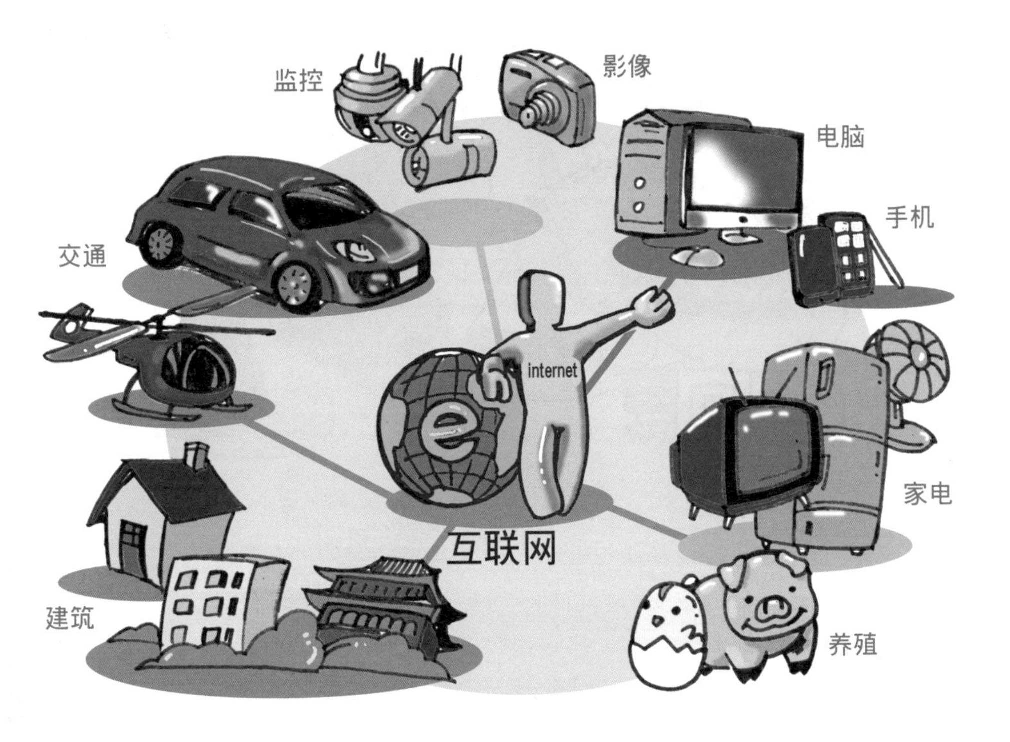

传感器技术，也得到了极大的发展，它已经走入我们的生活，并且影响生活的各个方面。物连天下，传感先行。

对于传感器，理工科的学生都不会陌生。传感器是能感受规定的被测量并按照一定的规律转换成可用信号的器件或装置，通常由敏感元件和转换元件组成。像我们的楼道的声控灯、自动门、汽车、手机、大棚，都有传感器工作的身影。随着各种智能家电的出现，各种微型传感器贯穿了我们的日常生活。

目前，家庭自动化的蓝图正在设计之中，未来的家庭将由中央控制装置的微型计算机通过各种传感器代替人监视住

宅内外的各种状态，并通过控制设备来操控住宅内的各种家电。家庭自动化的主要内容包括安全监视与报警、空调及照明控制、耗能控制、太阳光自动跟踪、家务劳动自动化及人身健康管理等。家庭自动化的实现，可使人们有更多的时间用于学习、教育或休息娱乐。

在石油、化工、电力、钢铁、机械等加工工业中，传感器在各自的工作岗位上担负着相当于人们感觉器官的作用，它们每时每刻地按需要完成对各种信息的检测，再把大量测得的信息通过自动控制、计算机处理等进行反馈，用以进行生产过程、质量、工艺管理与安全方面的控制。

我们每天驾驶的汽车，启动汽车后，就能看到油量剩余、行驶里程、行驶速度、发动机旋转速度等等，这些都是传感器的应用。由于汽车交通事故的不断增多和汽车尾气排放对环境的危害，现在的汽车传感器在汽车安全气囊系统、防盗装置、防滑控制系统、防抱死装置、电子变速控制装置、排气循环装置、电子燃料喷射装置及汽车“黑匣子”等方面都得到了实际应用。可以预测，随着汽车电子技术和汽车安全技术的发展，传感器在汽车领域的应用将会更为广泛。

目前，全球的大气污染、水质污浊及噪声已严重地破坏了地球的生态平衡和我们赖以生存的环境，这一现状已引起了世界各国的重视。为保护环境，利用传感器制成的各种环境监测仪器正在发挥着积极的作用。

可以说，从各种复杂的工程系统到人们日常生活的衣食住行，都离不开各种各样的传感器，传感技术对国民经济的日益发展起着巨大的作用。

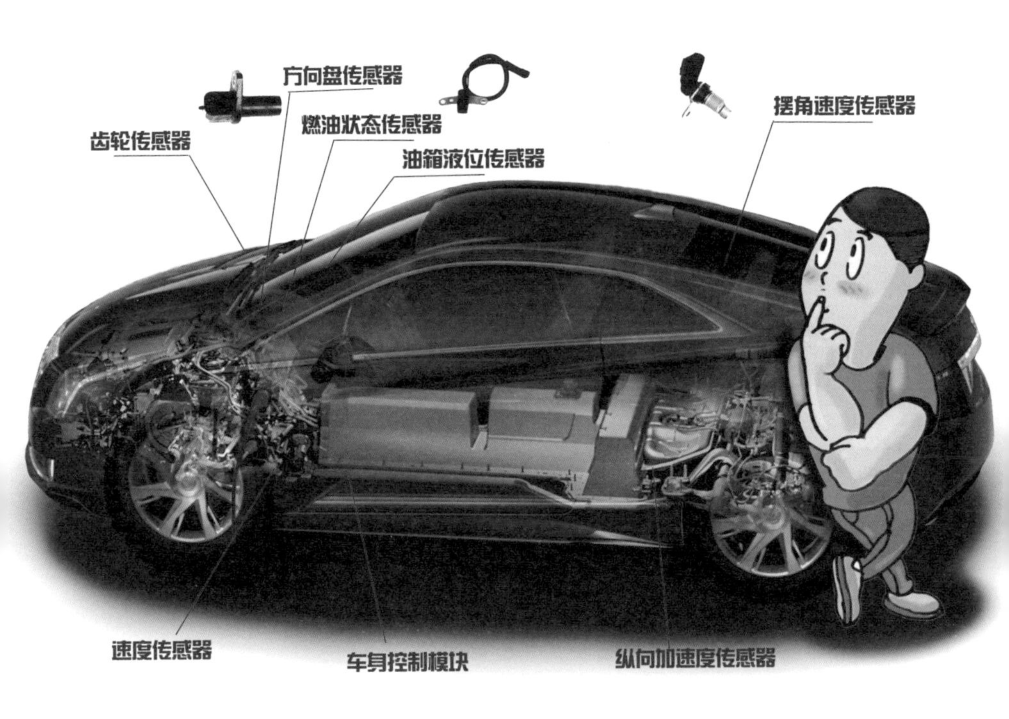

汽车上的传感器

网络传输的大动脉——宽带信息工程

宽带网络是国家最为重要的基础设施之一，随着技术的进步，全社会信息化进程的加快，宽带不仅已经发展成为信息化的基础性资源，其影响早已超越了传统信息通信行业，成为社会政治、经济、文化、金融等活动的基石，对全社会劳动生产率的提高、创造新的就业机会等具有重大影响。无论是短期看还是长期看，信息通信网络的宽带化是迈向更发达信息社会的必由之路。

面向 2020 年我国千家万户 100 兆比特每秒（Mbps）宽带接入的重大需求，国家宽带网络科技发展“十二五”专项规划提出占领前沿技术制高点，突破产业发展急需的关键技术，提出我国信息基础设施总业务流量达 1 000 太比特每秒（Tbps）以上的综合解决方案，研制成套网络设备，着力培育战略性新兴产业，支撑移动互联网、云计算、三网融合和物联网重大应用，带动网络技术、计算技术、移动通信技术、微电子和光电子技术的综合发展，为我国宽带网络技术发展和产业应用率先走向国际前列奠定坚实基础。

延伸阅读

宽带与带宽

宽带一般是以目前拨号上网速率的上限 56 千比特每秒（kbps）为分界，将 56 kbps 及其以下的接入称为“窄带”，之上的接入方式则归类于“宽带”。宽带目前还没有一个公认的、很严格的定义，一般的角度理解，它是能够满足人们感观所能感受到的各种媒体在网络上传输所需要的带宽，因此它也是一个动态的、发展的概念。美国联邦通信委员会2010年7月24日为“宽带”这个词语下了一个定义，认为宽带意味着下载速率为4 Mbps，上行为1 Mbps，可以实现视频等多媒体应用，并同时保持基础的Web浏览和E-Mail特性。因此，宽带是一种传输技术，而我们一般只需了解它的速度相对基带比较高就行了，即大于56 kb/s就算是宽带。

带宽，我们上网的时候，总想知道自己的网速是多少，实际上这就是网络带宽。带宽又叫频宽，是指在固定的时间（1秒）可传输的资料数量，亦即在传输管道中可以传递数据的能力。在数字设备中，带宽通常以比特表示，即每秒可传输之位数。在通信领域和网络领域，带宽的含义指的是网络信号可使用的最高频率与最低频率之差，或者说是频带的宽度，也就是所谓的“Bandwidth”“信道带宽”——这也是最严谨的技术定义。

宽带通俗来说就是互联网，而带宽则是上网速度的单位，平时老百姓说装 *n* 兆的宽带，准确地说应该是装 *n* 兆带宽的宽带。打个比方，宽带和带宽好比一条公路和公路上的车道，公路就是宽带，几条车道就是带宽。

 互联网与通信网的未来——三网融合的形成

看电视、打电话、上网，这也许是现代人最平常的事情，但你有没有想过，家里的电视机也能上网、打电话呢？现在很多厂家都推出了智能云电视，功能是越来越强大，那么有没有一种方法，从根本上解决三网之间的兼容问题？三网融合的概念给了我们一个较为满意的解答。

小知识：

三网融合

三网融合是指电信网、广播电视网、互联网在向宽带通信网、数字电视网、下一代互联网演进过程中，三大网络通过技术改造，其技术功能趋于一致，业务范围趋于相同，网络互联互通、资源共享，能为用户提供语音、数据和广播电视等多种服务。三网融合并不意味着三大网络的物理合一，而主要是指高层业务应用的融合。三网融合应用广泛，遍及智能交通、环境保护、政府工作、公共安全、平安家居等多个领域。三网融合后，手机可以看电视、上网，电视可以打电话、上网，电脑也可以打电话、看电视。三者之间相互交叉，形成你中有我、我中有你的格局。

在中国物联网校企联盟的“科技融合体”模型中，三网融合是当下科技和标准逐渐融合的一种典型表现形式。三网融合又叫“三网合一”，意指电信网络、有线电视网络和计

算机网络的相互渗透、互相兼容，并逐步整合成为全面统一的信息通信网络，其中互联网是其核心部分。

三网融合打破了此前广播电视在内容输送、电信在宽带运营领域各自的垄断，明确了互相进入的准则——在符合条件的情况下，广播电视企业可经营增值电信业务、比照增值电信业务管理的基础电信业务、基于有线电网络提供的互联网接入业务等。而国有电信企业在有关部门的监管下，可从事除时政类节目之外的广播电视节目生产制作、互联网视听节目信号传输、转播时政类新闻视听节目服务、IPTV 传输服

务、手机电视分发服务等。

三网融合包含的技术

数字技术

数字技术的迅速发展和全面采用，使电话、数据和图像信号都可以通过统一的编码进行传输和交换。所有业务在网络中都将成为统一的“0”或“1”的比特流；所有业务在数字网中都将成为统一的0/1比特流，从而使得话音、数据、声频和视频各种内容（无论其特性如何）都可以通过不同的网络来传输、交换、选路处理和提供，并通过数字终端存储起来或以视觉、听觉的方式呈现在人们的面前。数字技术已经在电信网和计算机网中得到了全面应用，并在广播电视网中迅速发展起来。数字技术的迅速发展和全面采用，使话音、数据和图像信号都通过统一的数字信号编码进行传输和交换，为各种信息的传输、交换、选路和处理奠定了基础。

宽带技术

宽带技术的主体就是光纤通信技术。网络融合的目的之一是通过一个网络提供统一的业务。若要提供统一业务，就必须要有能够支持音频、视频等各种多媒体（流媒体）业务传送的网络平台。这些业务的特点是业务需求量大、数据量大、服务质量要求较高，因此在传输时一般都需要非常大的带宽。另外，从经济角度来讲，成本也不宜太高。这样，容量巨大且可持续发展的大容量光纤通信技术就成了传输介质的最佳选择。宽带技术，特别是光通信技术的发展为传送各种业务信息提供了必要的带宽、传输质量和低成本。作为当代通信领域的支柱技术，光通信技术正以每10年增长100倍的速度发展，具有巨大容量的光纤传输网是三网理想的传送平台和未来信息高速公路的主要物理载体。无论是电信网，还是计算机网、广播电视网，大容量光纤通信技术都已经在其中得到了广泛的应用。

软件技术

软件技术是信息传播网络的神经系统，软件技术的发展，使得三大网络及其终端都能通过软件变更最终支持各种用户所需的特性、功能和业务。现代通信设备已成为高度智能化和软件化的产品。今天的软件技术已经具备三网业务和应用融合的实现手段。

光通信技术的发展，为综合传送各种业务信息提供了必要的带宽和传输高质量，成为三网业务的理想平台。

软件技术的发展使得三大网络及其终端都通过软件变更，最终支持各种用户所需的特性、功能和业务。

统一的传输控制协议/因特网互联协议（TCP/IP 协议）的普遍采用，将使得各种以 IP 为基础的业务都能在不同的网上实现互通。人类首次具有统一的为三大网都能接受的通信协议，从技术上为三网融合奠定了最坚实的基础。

给予智慧城市健康的心脏

基础设施是一个很宽泛的概念，不同的人对其有不同的理解。在此，我们把智慧城市的基础设施比作一个人的神经系统。建设智慧城市的基础设施，需要打造好一个综合平台，三张骨干网络，相关基础设施。综合平台就是智慧城市的大脑和心脏，它负责对收集起来的海量信息进行分析与处理，由城市数据中心平台和云计算应用开发平台组成；三张骨干网络，是智慧城市的神经网络，它的作用是完成各种信息的传递和储存，主要有互联网、物联网、通信网；相关基础设施，是智慧城市的触角，如同人体的五官四肢，它的作用是各类信息的收集，主要为城市各个角落的终端设备，包括传感器、摄像头、信号灯等。

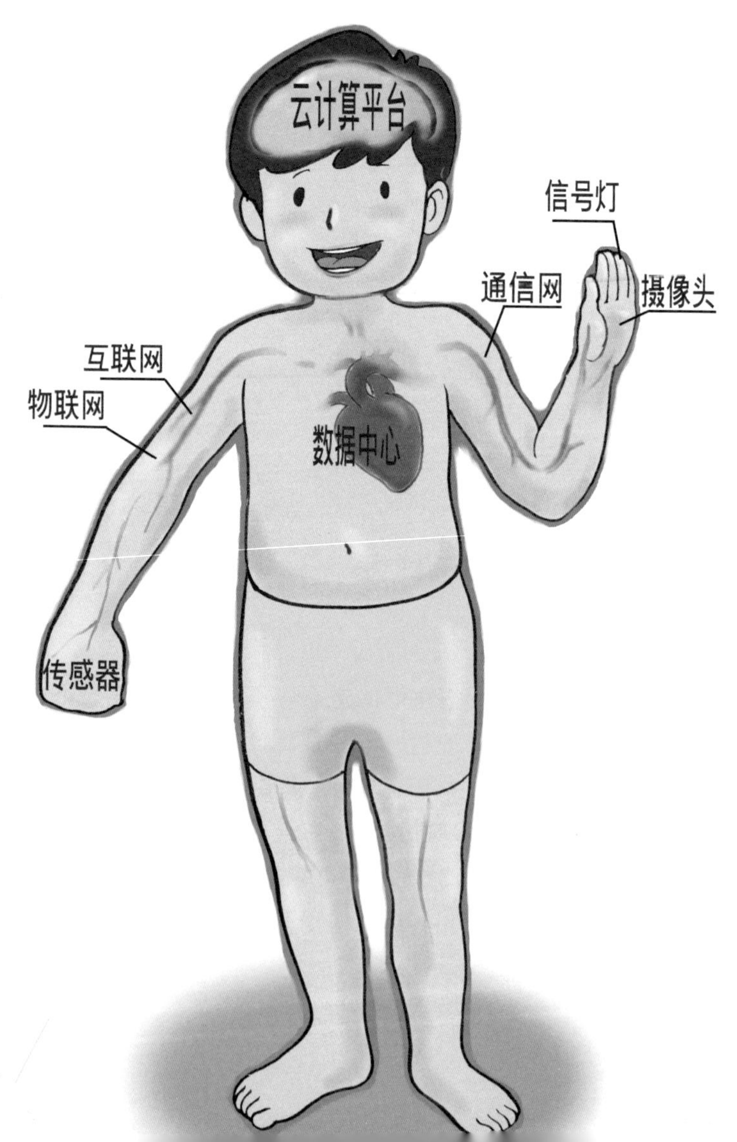

建好智慧城市的心房——云计算平台搭建

云计算作为近几年来的热点，一直是智慧城市领域的中心词语，下面通过简单的例子让大家明白，云计算其实就在我们身边。

云计算的前身或者说基础应该是集群。那么集群又是一个什么东西？集群（Cluster）技术是一种较新的技术，通过集群技术，可以在付出较低成本的情况下获得在性能、可靠性、灵活性方面的相对较高的收益，其任务调度则是集群系统中的核心技术。集群是一组相互独立的、通过高速网络互联的计算机，它们构成了一个组，并以单一系统的模式加以管理。一个客户与集群相互作用时，集群像是一个独立的服务器。集群配置是用于提高可用性和可缩放性。

而云计算则是在集群技术的基础上变化而来的。云计算是以集群技术为基础，将大量的服务器整合在一起。然后对这些硬件资源进行按需管理，再为客户提供多项服务。

我们熟悉的搜索引擎，其实就是云计算的一个应用。一个搜索引擎每天接到全球过亿的搜索请求，以及互联网上的网页达到数百亿个选项，同时要在不超过 1 秒的时间内响应用户的请求，这些工作其实并不容易。试想一下，如果这些工作只有一部超级计算机来完成，那得需要多大的场地、电力、投资才能实现。为此，需要多个数据中心的数十万台服务器来支撑搜索引擎业务。

再来说说我们的网络硬盘。网络硬盘是云存储的一个应用，这个存储空间就像是用户个人电脑硬盘在网络上的延伸，只要能连上互联网，就可以随时随地访问这个硬盘，同时，网络硬盘里面的内容还可以共享出一部分，让他人访问。网络硬盘的兴起淡化了 U 盘、移动硬盘的功能，因为它更加便捷，便捷到不需要使用数据线，而且记住密码应该比带着存储设备四处跑要安全得多。比如在处理未完成的文档、重要

数据的备份、旅游照片的分享等方面，网络硬盘都比移动存储设备更加便捷，至少是多了一层保险。

还有一个我们熟知的应用，那就是电子邮件，有人会问，这与云计算有关系吗？其实，经过几十年的发展，电子邮件系统的功能已经从单一收发邮件拓展到了多种应用。有的大型邮件服务商提供的电子邮件功能中已经加入了网络日历、即时通信、相册、网络硬盘及天气预报等附加功能。这些应用使电子邮件脱离了传统模式，具备了云计算的特征。

云计算并不是横空出世的新技术，而是在计算机技术和网络技术不断发展的前提下逐步演变而来。云计算的最终目标是将计算、服务和应用作为一种公共设施提供给公众，使人们能够像使用水、电、煤气和电话那样使用计算机资源。

延伸阅读

云 计 算

云计算（Cloud Computing）是基于互联网的相关服务的增加、使用和交付模式，通常涉及通过互联网来提供动态易扩展且经常是虚拟化的资源。“云”是网络、互联网的一种比喻说法。过去在图中往往用云来表示电信网，后来也用来表示互联网和底层基础设施的抽象。

云计算是分布式计算（Distributed Computing）、并行计算（Parallel Computing）、效用计算（Utility Computing）、网络存储（Network Storage Technologies）、虚拟化（Virtualization）、负载均衡（Load Balance）等传统计算机和网络技术发展融合的产物。

狭义云计算指IT基础设施的交付和使用模式，指通过网络以按需、易扩展的方式获得所需资源。广义云计算指服务的交付和使用模式，指通过网络以按需、易扩展的方式获得所需服务。这种服务可以是IT与软件、互联网相关，也可以是其他服务。它意味着计算能力也可作为一种商品通过互联网进行流通。

 “云”雾缭绕，千变万化

目前，个人电脑依然是我们日常工作生活中的核心工具，我们用个人电脑处理文档、存储资料，通过电子邮件或U盘与他人分享信息。如果个人电脑硬盘坏了，我们会因为资料丢失而束手无策。而在云计算时代，“云”会替我们做存储和计算的工作。“云”就是计算机群，每一群包括了几十万台甚至上百万台计算机。“云”的好处还在于其中的计算机可以随时更新，保证“云”长生不老。这个时候，我们只需要一台能上网的电脑，不需关心存储或计算发生在哪里，但一旦有需要，我们可以在任何地点用任何设备，如电脑、手机等，快速地计算和找到这些资料。我们再也不用担心资料丢失。

云计算是一种新兴的共享信息资料的方法，它可将巨大的资料库连接在一起以提供各种网络服务。云计算带来的就是这样一种变革——由专业网络公司来搭建计算机存储、运算中心，用户通过一根网线借助浏览器就可以很方便地访问，把“云”作为资料存储以及应用服务的中心。

离开了云计算，单使用个人电脑或手机上的客户端应用，我们是无法享受这些便捷的。个人电脑或其他电子设备不可能提供无限量的存储空间和计算能力，但在“云”的另一端，由数千台、数万台甚至更多服务器组成的庞大的集群却可以轻易地做到这一点。

个人和单个设备的能力是有限的，但云计算的潜力却几乎是无限的。当你把最常用的数据和最重要的功能都放在“云”上时，我们相信，你对电脑、应用软件乃至网络的认识会有翻天覆地的变化，你的生活也会因此而改变。互联网

的精神实质是自由、平等和分享。

作为一种最能体现互联网精神的计算模型，云计算必将在不远的将来展示出强大的生命力，并将从多个方面改变我们的工作和生活。无论是普通网络用户还是企业员工，无论是网络管理者还是软件开发人员，他们都能亲身体验到这种改变。云计算的蓝图已经呼之欲出：在未来，只需要一台笔记本电脑或者一部智能手机，就可以通过网络服务来实现我们需要的一切。从这个角度而言，最终用户才是云计算的真正拥有者。

我国企业还创造了“云安全”概念，在国际云计算领域独树一帜。云安全通过网状的大量客户端对网络中软件行为的异常监测，获取互联网中的木马、恶意程序等最新信息，推送到服务端进行自动分析和处理，再把病毒和木马的解决方案分发到每一个客户端。云安全的策略构想：使用者越多，每个使用者就越安全，因为如此庞大的用户群，足以覆盖互联网的每个角落，只要某个网站被挂马或某个新木马病毒出现，就会立刻被截获。云安全的发展像一阵风，瑞星、趋势、卡巴斯基等都推出了云安全解决方案。瑞星基于云安全策略开发的 2009 新品，每天拦截数百万次木马攻击，其中 2014 年 1 月 8 日更是达到了 765 万余次。科技云安全已经在全球建立了五大数据中心、几万部在线服务器。据悉，云安全可以支持平均每天 55 亿条点击查询，每天收集分析 2.5 亿个样本，资料库第一次命中率就可以达到 99%。借助云安全，趋势科技现在每天阻断的病毒感染最高达 1 000 万次。

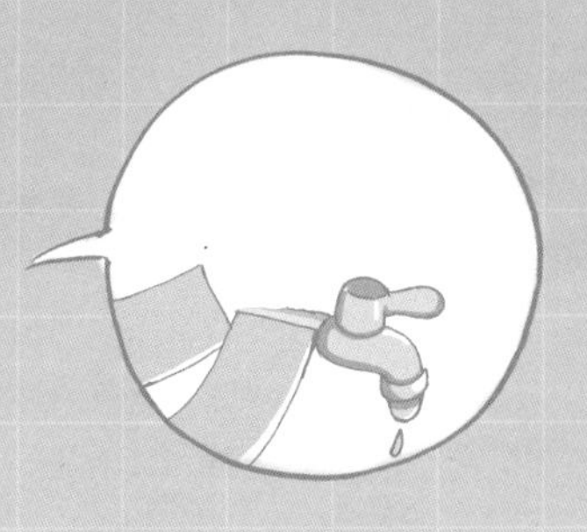

四　养好智慧树干
——信息技术支持智慧城市

小故事 世界第一条地下铁路

1814年，英国工人斯蒂芬森制成了世界第一辆蒸汽机车，为工业革命插上了飞跃发展的翅膀。英国迅速强大起来，大量人口涌进了伦敦城，使伦敦人口迅速膨胀起来。伦敦的规划原先也是如罗马帝国的城市那样，以王宫、教堂、议会等大型建筑和广场为核心，加上方格形市场、住宅区的模式建造起来的城市，此时却被毫无规划的街道、杂乱无章的房屋所侵蚀。马车、蒸汽汽车在伦敦闹市横冲直撞，在街头交通事故每天都发生，市民怨声载道。伦敦市政府在王室和市民要求改善交通的压力下，只好向民众征求改

善交通的妙法。正是在这时候，一位名叫查理斯的英国人挺身而出，提出了一个令人惊诧的建议——把火车开进伦敦城！这位查理斯的身份更是令人匪夷所思，他既非公共交通专家，又不是科学家，竟然是一个与交通、科技毫不沾边的普通法官。他提出把火车开进本已混乱拥挤的工业大城市，那不是给伦敦添乱吗？

那么查理斯是怎么想的呢？原来查理斯带着这个问题日思夜想，苦思不得其解。后来有一次，他在家里打扫，忽然看到一只老鼠窜了出来，他马上追过去，老鼠却跑到墙角，钻进洞里一下子溜掉了。查理斯心有不甘，挖开鼠洞追寻老鼠，却发现老鼠挖了一条地道，直通到屋外的花园深处。看着那条老鼠地道，查理斯顿有所悟：如果在伦

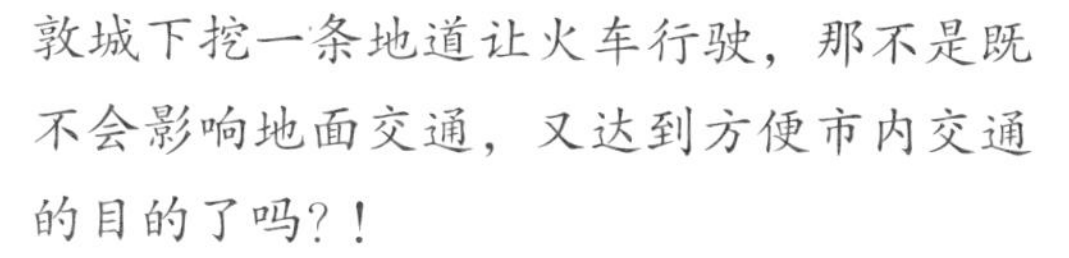

敦城下挖一条地道让火车行驶，那不是既不会影响地面交通，又达到方便市内交通的目的了吗？！

那么怎样才能让火车入地行驶呢？他不仅自己苦思冥想，还到处调查研究，经过 3 年的研究、策划，查理斯正式向伦敦市政府提交了修建地下铁路的提案。此后查理斯又协同市政府交通部门进行了长达 10 年的马拉松式反复论证和修改，市政府终于接受了他的方案，开始修建地下铁路。至 1863 年 1 月 10 日，世界第一条地下铁路终于在伦敦剪彩通车，吸引了千百市民的争先试新，更引来了世界各国记者抢先报道。

1 物联网的触手无处不在

会自己思考的汽车

生活在大都市的我们，每天都过着忙碌的生活，也有着各种的烦恼。交通的堵塞就是其中的一个极大的问题，这也是城市管理所面临的一个大难题。怎么协调好车辆，怎么管理好交通，与我们的生活息息相关。

交通管理部门要管理好交通，就必须收集道路的交通状况信息，利用这些信息对道路的状况做判断，利用这些判断就可以对其他车辆的行驶路线做一个指示，这样能避免严重的交通堵塞。传感器技术的发展大大地促进了道路信息收集的效率。有关部门按照一定的规则，在道路上安装传感器，

传感器就像人体的器官一样，具有感知的功能，而且由于如今传感器技术的发展，感知的精度也大大提高了。传感器将感知到的路面状况，通过网络可以传输回到路面监控中心。

例如在道路上安装压力传感器，可以检测到路面的车流量，以及道路是否通畅。当压力传感器受到挤压时，路面监控中心从接收到的数据中可以判别。若接收到的数据显示传感器不停地受到挤压，则说明该道路的车流量很多，但没有发生堵塞；若数据显示传感器长时间受到挤压，而且没有松开，则说明该路段交通拥挤，这时指挥中心应该发信息给各车辆，建议车辆尽量绕行该路段——这就是智能交通。

有了智能交通，我们就不用担心等车久、路上塞车的问题了。智能交通还能把汽车变成会“思考”的，车站的传感器感知到等车的人突然增多，会把数据传回去数据中心，数据中心经过分析，会让汽车总站调度员在人流高峰时期派出比平时多一些的公共汽车，以便输运挤车的人群。

 “聪明”的房子

我们现在的沟通最常见的是人与人之间的沟通，但是在物联网时代，我们通过网络，可以和物体进行沟通了。由于网络传输技术的发展，信息的传输变得更加方便。手机能通过网络传送指令，随时随地控制家电的工作状态，房子也会变得很“聪明”。房子变成会认人，在需要的时候给家电下指令，它会按照指令完成，而不必每件事情都亲自操作。在手机下安装了相关的软件之后，手机就变成了一个远程的遥控了。

上班的时候如果担心下雨会把晾在阳台的衣服给淋湿

了，那么只要用手机发送指令，阳台上会移动的晾衣竿就会移动到有雨篷的地方，衣服就不会被淋湿了。到了中午，太阳出来了，我们可以用手机发送指令，将移动晾衣竿移动到外面，让太阳晒干衣服。下班回到家，根本不用掏钥匙，只要看一下摄像头，摄像头就会将获取的面部图像与数据库中的做对比，用面部识别技术开门，这样家里的安全就有了大大的提高。

对于上班一族，回到家已经很累了，这时有热腾腾的饭菜吃是一件很幸福的事情。在智慧城市，真的能让你享受这种幸福。上班前，只要把米放在电饭锅里，菜放在蒸笼上就可以了。下班前，用手机发送指令，让电饭锅开始煮饭，下班回到家就有香喷喷的饭菜吃了。而且，在差不多回到家时，可以让空调、音箱先开启，让悦耳的背景音乐轻盈地播起来……住在“聪明”的房子里，幸福的感觉来的就是那么容易。

面部识别技术简介

面部识别技术就是通过面部来分辨一个人，因为每个人的面部都有自己独一无二的物理特征，通过捕获、分析和对比等一系列步骤，将捕获的面孔与数据库中存储的图像进行对比，如果物理特征一样，则说明是同一个人，否则就判断为不同的人。

泛在的通信，让智慧网罗天下

泛在网络，城市互联网的未来

4G 时代刚来不久，5G 时代也准备到来。那么究竟什么是 5G 呢？其实 5G 最主要的特点是网络的传输速度快，其具有超高的频谱利用率和超低的功耗。这样，我们使用网络就更加的方便了。当然，在 5G 时代到来时，网络的布置就更方便，那泛在网络的建设就更容易了。那究竟什么是泛在网络呢？其实，这个词按照字面理解就可以。泛在网络是指广泛存在的网络，即无所不在的网络，正是由于它的存在，社会变得更加的信息化。泛在网络作为未来信息社会的重要载体和基础设施之一，已得到国际范围的普遍重视，各国相继将泛在网络建设提升到国家信息化战略高度。

延伸阅读

泛在网络受到各国的重视

2008 年底，IBM 公司率先在全球范围内提出“智慧地球（Smart Planet）”的概念。随即得到美国政府的高度认可，并且将其作为继“信息高速公路”之后又一新的国家信息化战略举措。2009 年，我国政府提出的“感知中国”战略思想，其恰好在“十一五”迈向“十二五”这一历史阶段，我国高屋建瓴地提出“泛在信息社会”国家战略。同时，我国学术界与产业界联合启动泛在网络相应

标准化制定工作。与泛在网络密切相关的两种特殊应用需求——传感网与物联网，以其广阔产业应用前景也获得了政府高度重视和强力推动。泛在网络作为服务社会公众的信息化基础设施之一，强调面向行业的基础应用，更和谐地服务社会信息化应用需求。

泛在网络的特征：在预订服务的情况下，个人或者设备无论什么时间、什么地点，都能以最少的技术限制接入到服务和通信，简单地说，就是5C+5Any。其中，5C是融合、内容、计算、通信和连接；5Any是任意时间、任意地点、任意服务、任意网络和任意对象。泛在网络通过对物理世界更加透彻的感知，从而构建无所不在的连接和提供无处不在的个人智能服务，并且扩展到对环境保护、城市建设、医疗监护、物流运输、能源管理等重点行业的支撑，为人们提供更加高效的服务。让人们感受到信息通信的便利，让信息通信提高人们的生活，更好地服务于人们的生活，自然而深刻地融入人们的日常生活及工作的方方面面中，实现人人、时时、事事、处处的服务。随着信息技术的发展和演进，泛在化的信息服务将渗透到人们日常生活的方方面面，即进入泛在网络社会。泛在网络的实现需要技术的支撑，建设无处不在的网络不能仅仅依靠有线网络的发展，还要积极发展无线网络。其中WiFi、3G、ADSL、电子标签、无线射频等技术都是组成无处不在网络的重要技术，国家和企业要对这些技术进行积极的开发和应用。

网格是泛在网络实现的一种技术。其实网格的含义和网络的含义有相似的地方。网格是构建在现有网络的基础上，具有更高的性能。网络能够为人们提供收发电子邮件、浏览网页、观看视频等功能，而网格除了能有这些功能外，还能够让人们共享计算机，从这里也可以知道网格的基本特征是资源的共享。它主要是为了给人们提供服务，如通信服务、信息服务、商务服务等等，目的是让人们更好地获取信息、发送信息。

在泛在网络的环境下，各种信息服务出现了一些新的方式，这次信息服务方式的质量与以往相比，有了相当的提升。流媒体信息服务就是其中一种。流媒体信息服务中，信息机构可以将文字、声音、图像等信息通过网络流式传递给客户端，其实这种传输方式可以满足各种各样的要求。其应用范围也很广阔，包括电子商务、远程教育、视频点播、远程监控等等。流媒体具有很多独特的优点：信息容量大，内容种类繁多等，特别是在泛在网络的环境下，有更加好的基础设施平台，有相当的带宽，这样的条件为其发展带来了一片广阔的天空，很多专家预计流媒体在将来会成为信息服务业的主要内容之一。

小知识：

流 媒 体

流媒体是一种在网络中传输音频、视频等文件的方式。以往的非流式播放，要等到整个文件全部下载完以后才能看到其中的内容，而流媒体只需要经过几秒或几十秒的启动延时，即可在用户计算机上利用相应的播放器，对想要看的视频或音频等流式媒体文件进行播放，剩余的部分将继续进行下载，直至播放完毕。当然，这个可以理解为流媒体是一边下载一边播放，下载播放的是已下载好的，而非流媒体是要等到全部下载完才能播放。

北斗卫星，天地对接

北斗卫星是一个系统，主要由空间端、地面端和用户端3部分组成。空间端包括5颗静止轨道卫星和30颗非静止轨道卫星。地面端包括主控站、注入站和监测站等若干个地面站。

其实，北斗卫星在我们的日常生活中发挥了相当重要的作用。当我们到一个不熟悉的地方，这时，我们可以使用装

有北斗卫星导航接收芯片的手机或车载卫星导航装置找到自己需要的路线。这样，我们出行就方便多了。以前，去到陌生的地方，我们找不到路就会问人，现在相当于随时随地都有一个熟悉任何地方的人在你身边让你问。

除此之外，北斗卫星还有应急救援的作用。在人烟稀少的地方，例如沙漠、海洋、山区等地的救援工作广泛采用了北斗卫星导航。在发生地震、洪灾等重大自然灾害时，救援成功的关键在于及时了解灾区的情况并且迅速组织人员到达救援地点。北斗卫星除了导航定位外，还具备短报文通信功能，通过卫星导航终端设备，可及时报告所处位置和灾害的情况，能有效缩短救援搜寻的时间，提高抢险救灾的效率，这样能够大大减少人民生命财产的损失。

北斗卫星系统对渔业的发展也有很大的作用。通过北斗卫星不仅可以确定渔船的位置，而且还可以找到鱼群，让捕鱼者满载而归。人们可以实时看到千里之外海上渔船的精确位置，这是由于北斗系统自主研发的“船舶安全保障集中监控管理平台”和安装在渔船上的北斗船载终端，它们都是北斗系统在海洋渔业精心设计的“船联网”应用模式的核心。另外，还可以发送短信与陆地上的渔船管理部门联系，一旦遇到台风或突发疾病需要救助时，一条短信就可以通知相关部门，从而及时得到帮助。

北斗卫星系统的使用对我们现在以及未来的生活都会产生巨大的影响。在不久的将来，北斗卫星系统很可能会为我们带来智能交通。

延伸阅读

北斗卫星在救援中的作用

北斗系统在汶川地震和芦山地震的救援中发挥了至关重要的作用。地震中基础设施和通信设施全部瘫痪，灾区人民没法和外界联系，外界也没法了解灾区的情况，所以救灾物资人员等工作的安排受到影响。但是，救援人员进入灾区后，依靠北斗系统及时传递出灾区信息，从而使外界能够根据发出的信息，安排救援物资和救援人员展开救援工作。

3 大数据时代

大数据与云计算

大数据是现在 IT 行业很流行的一个词，那大数据是不是现在才开始出现的呢？大数据这个术语最早期的引用可追溯到 apache org 的开源项目。虽然大数据这么早就出现了，但是很多人对它的含义都没有全面的理解。其实，关于什么是大数据，从字面上理解就可以。顾名思义，就是体量特别大的数据，而且数据的类别也特别的大。数据的体量大，已经无法用传统数据库对其内容进行管理和处理。另外，“大”指的是数据的类别大，数据来自多种数据源，数据种类和格式日渐丰富，已冲破了以前所限定的结构化数据范畴，囊括了半结构化和非结构化数据。

至于具体大数据的定义是什么，业界还没有一个非常精确的定义。IBM 公司将大数据归纳为 3 个标准，也就是我们经常说的 3V 标准：类型（Variety）、数量（Volume）和速度

(Velocity)。其中类型是指数据中有结构化、半结构化和非结构化等多种数据形式；数量是指收集和分析的数据量非常大；速度是指数据处理速度要足够快。

大数据的出现是现代化发展的一个必然趋势，物联网的建设、智慧城市的建设，都需要对很多的事物进行感知，以便收集信息，对信息进行处理，得出结论来供需要的人参考。对事物进行感知，那数据肯定是非常大，因此需要相关的技术对大数据进行处理。

数据的爆炸式增长导致了对数据中心容量需求的增长，而云计算则提供了解决这个问题的思路，使用云计算的模式，企业就不需要为数据中心的扩容、基础架构硬件设备的采购而担心了。云计算将计算任务分布在大量计算机构成的资源池上，使用户能够按需获取计算力、存储空间和信息服务。云计算及其技术给了人们廉价获取巨量计算和存储的能力，云计算分布式架构能够很好地支持大数据存储和处理需求。这些处理方法成本比较低，使得大数据处理和利用成为可能。

延伸阅读

云计算的简述

云计算的定义有狭义和广义之分。狭义的云计算，指的是厂商通过分布式计算和虚拟化技术搭建数据中心或超级计算机，以免费或按需租用方式向技术开发者或者企业客户提供数据存储等。广义的云计算，则指厂商通过建立网络服务器集群，向各种不同类型的客户提供在线软件服务、硬件租借、数据存储、计算分析等服务。

美国国家标准与技术研究院（NIST）定义：云计算是一种按使用量付费的模式，这种模式提供可用的、便捷的、按需的网络访问，进入可配置的计算资源共享池（资源包括网络、服务器、存储、应用软件、服务），这些资源能够被快速提供，只需投入很少的管理工作，或与服务供应商进行很少的交互。

大数据、物联网、智慧城市之间的关系

当今，物联网广泛应用，因此产生了大量的数据，所以大数据产生了，而智慧城市的建设又会广泛应用到物联网技术，那么大数据、物联网、智慧城市这三者究竟是什么关系呢？简单地说，大数据的发展源于物联网技术的应用，并用于支撑智慧城市的发展。物联网技术作为互联网应用的拓展，正处于大发展阶段。物联网是智慧城市的基础，但智慧城市的范畴相比物联网而言更为广泛；智慧城市的衡量指标由大数据来体现，大数据促进智慧城市的发展；物联网是大数据产生的催化剂，大数据源于物联网应用。

现在大数据时代已经到来，大数据的处理需要云计算技术，而云计算能推动产业的发展，所以很多大企业都致力于对大数据技术的研究，希望在这一浪潮中提升企业本身的竞争力。另外，我国政府也很重视大数据的发展，我国智慧城市发展的一个瓶颈在于信息孤岛效应，各政府部门间不愿公开、分享数据，这就造成数据之间的割裂，无法产生数据的深度价值。关于这一问题，一些政府部门也有清醒的认识，开始寻求解决方案，这是受自身的需求驱动的。他们逐渐意识到，单一的数据是没法发挥最大效能的，部门之间相互交换数据已经成为一种发展趋势。同时，随着各方面的发展及政策的推进，很多以前不公开的数据也逐渐公开了，这对大数据的发展都是有力的支持。

物联网是将人和物联系起来的技术。简单地说，就是在空间上安装一些传感器，传感器具有感知的作用，可以将感知到的情况发送到终端，终端综合所有的数据并分析，就能掌握空间现在的情况。如果想对当前的情况了解得越清楚，那需要的传感器就越多，传回来的数据也就越多。所以物联网的广泛应用，推动了大数据技术的发展。

现在很多地方都在建设智慧城市，智慧城市运行的特征是通过数据的量化表现出来的，这些数据分散在各个部门中。要建设智慧城市，则必须收集各个部门的数据，然后对数据进行汇总和分析，供政府参考。各个部门分散的数据，本身的意义不是很大，只有经过一定的系统分析，才能发挥出其应有的价值。智慧城市的每一个细节都会产生庞大的数据，同时，智慧城市的运行基础也来源于对大数据的深度分析。大数据的表面是一系列静态的数据堆砌，但其实质是对数据进行复杂的分析之后得出一系列规律的动态过程。

机器学习

机器学习的研究是根据生理学、认知科学等对人类学习机理的了解，建立人类学习过程的计算模型或认识模型，发展各种学习理论和学习方法，研究通用的学习算法并进行理论上的分析，建立面向任务的具有特定应用的学习系统。这些研究目标相互影响、相互促进。自从1980年在卡内基梅隆大学召开第一届机器学习研讨会以来，机器学习的研究工作发展很快，已成为中心课题之一。随着机器学习的蓬勃发展，人们在工作中累积了大量可供测试算法的数据集或者超大数据集，机器学习工作者在此基础上可以进行更精准的研究。

五　壮大智慧树枝
——开发智慧城市新产业

小故事 世界第一张信用卡

20世纪50年代，第二次世界大战（以下简称“二战”）刚结束不久，美国作为“二战”中本土未遭遇战火的唯一战胜国，其国力最强大、经济雄踞全球之首，而欧亚各国也从战争的灾难中甦醒过来，经济开始复苏，世界商贸、金融一片欣欣向荣，各国商人纷纷来到美国做生意。当时美国纽约一位名叫弗兰克·麦克纳马拉的商人也乘势而起，雄心勃勃地做起了生意。1950年的一天，麦克纳马拉请他的客户在纽约饭店里吃饭，餐桌上摆满了丰盛的菜肴，主客双方边谈生意边吃饭，酒足饭饱之后，合同也谈妥，麦克纳马拉在结账时才突然发现：自己竟然没有带钱包！身上的零钱也不够结账。“这可怎么办呢？”他于是找到饭店的经理，请他通融一下，让自己和客人先离开饭店，自己再回家取钱结账。经理一听就犯了疑：哪有请客不带钱的道理？怀疑麦克纳马拉是骗子、吃霸王餐，死活也不肯让

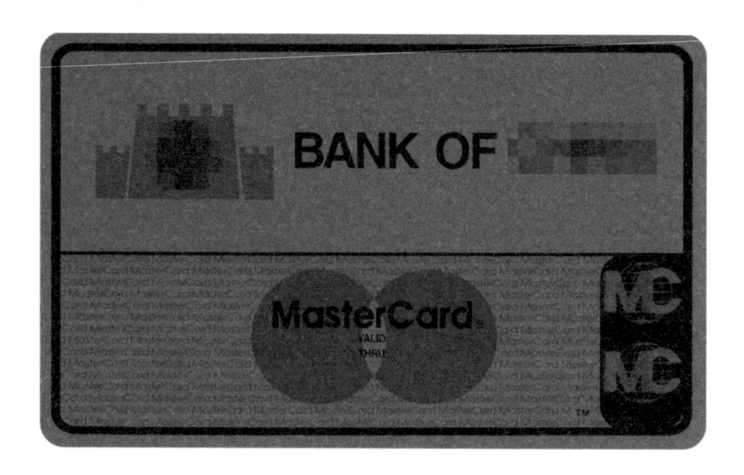

麦克纳马拉离开，弄得麦克纳马拉非常尴尬。他毫无办法，只好打电话找到妻子，让她立即带钱到饭店“赎”人，这样才算把事情平息了下来。

经过此番尴尬，麦克纳马拉痛定思痛，他想到世界上肯定还有不少像他一样的人，忘了带钱包或带的钱不够结账，或到外地做生意无法带大量货款的，那么如果创立一个信用卡公司，凡加入公司俱乐部的会员，就可以缴款取得信用卡，可以凭卡记账消费，那不是非常方便吗！他于是邀集好朋友集资，在纽约创建了“大莱俱乐部”，这就是“大莱信用卡公司”的前身，公司发售的大莱信用卡也成为世界上第一种信用卡。自从有了信用卡以后，许多银行也开展了信用卡业务，到商场买东西，不用付现金，只要信用卡轻轻一划，就可以完成付款，把商品带走了。而到外地去也可以用信用卡到当地银行取钱，非常方便。

信用卡业务的出现，对“二战”后欧美经济的发展繁荣起了促进作用，发展到今天，更成为网络金融的坚实基础。

1 智慧金融

新服务新气象

在信息化、网络化、数字化高度发达的智慧城市里，传统金融业务也多添上了“智慧”这一头衔。智慧金融是智慧城市所推行的创新产业之一，它通过整合和创新多个原传统产业领域，建立起一个突破物理时空局限的虚拟金融服务平台，体现出一种古人所推崇的“和谐大同”的意味！

智慧金融处处体现着“信息大同，服务和谐”的新产业理念。在云计算时代，一个统一全面的金融信息管道给我们提供更多城市业务合作上的契机和交流。智慧金融产业的基石就是建立起一条像高速公路般的统一畅通的信息管道，整合个人在社会上日常行为所产生的金融数据、金融机构业务数据，以及与客户、运营和投资风险、金融绩效相关的企业数据等，并进行综合分析，为不同的客户提高所需的金融解决方案。

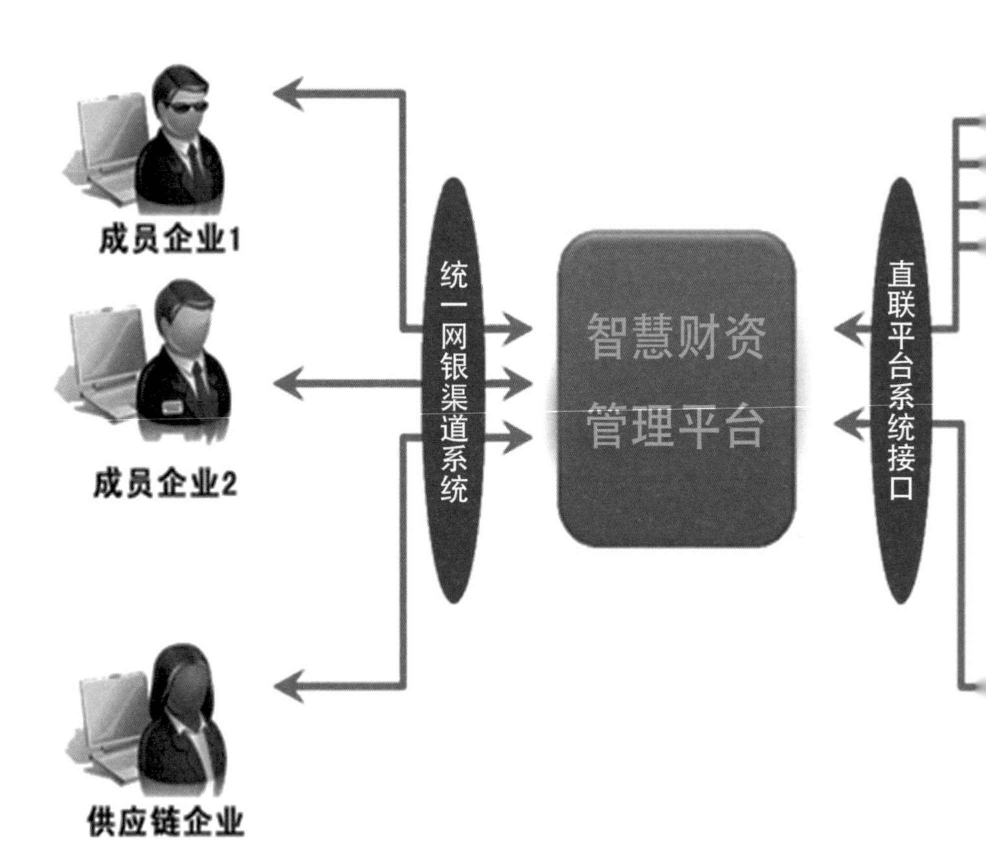

智慧城市中会出现数据整合与分析的机构，通过对客户数据的搜集、分析，能为银行客户建立统一高效的企业架构。通过整合服务管理、全球支付平台、财务共享服务中心等解决方案，助力银行实现统一经营，从而优化资源，快速提供服务，提升竞争力和效率。通过移动终端上的应用，也能为个人提供合理的理财投资方案。给企业提供经营方案、投资方案及融资合资方案等。由于多方信息的流通和线上共享，使得各产业领域活动更具透明性和灵活性，从而使得业务流程更有全面的标准性和规范性，也大大提高效率。由于数据有着不同的保密性和私人性，还存在第三方监管机构，这个机构遵循特定的法律规章制度，维持着合法有序的产业活动，致力保护个人信息和财产安全。

以往企业之间的信息流通还是比较闭塞和停滞，或不全面，都不能畅通地交流与了解，何来谈什么投资合作呢。在云服务平台上，按城市不同区域建立起多个数据整合与分析机构，在区域里的所有企业把其经营情况和可公开金融数据等信息同步上线到机构上，实现整合与分析。合作企业能获取有效的数据分析，都能提高市场洞察力，银行能获取中小企业的整合信息分析，就能放心贷款给它们。从而使得投资、贷款等金融行为更畅

通，成本更低，效率更高，效益更大。另外，社会资源也能得到更合理的配置，社会服务更好地满足用户需求，并能在合理评判下推动优胜劣汰，提高经济发展的核动力。

个性化服务“以人为本”。智慧金融营业厅突破传统办理地点的局限，在实体交易平台和虚拟交易平台之间相互切换。实体交易平台有着开放式与休息式的不同形态，还有固定的中心人工服务营业厅，更多在你公司楼下、住宅楼下甚至在家里，只要有显示联网的固定终端，都能成为自助实体交易平台。这些平台在云服务和新一代通信技术的支撑下都有着个性化和全面的服务。还有，通过手机、平板电脑等移动终端，能有效使用虚拟交易平台。崭新的智慧金融服务使得业务办理更具人性化、更实时快捷、更有效率、成本更小。

智慧理财，智慧交易

在日常生活中，除了努力工作或经营生意攒钱之外，我们都晓得通过合理有效的理财方案，能获得“钱生钱”的惊喜。当你的理财方案越合理有效，所承担的风险越小，你的钱就能生更多的钱。在社会市场中，理财的方式和方案更是五花八门，让你眼花缭乱，目不暇接。这就需要人们有“火眼金睛”，并耳听八方，才能在理财行业中找到合适、正确的理财方案。

在智慧城市里，传统金融理财行业在云服务的支撑下也发生了颠覆性的重大变革，出现了云计算下的智慧理财。一方面，智慧理财能让人们获得更多有着线上数据分析工具和智能终端设备辅助的理财服务；另一方面，人们能在线上综合服务平台上更好地运用自己的智慧去找准目标。

在智慧城市里，人们能随时随地了解到经过综合分析且实时的理财数据信息，并且出现云服务下的智慧理财平台。在这个平台下，有着多个国资、私资银行，第三方支付机构和证券市场等线上交易渠道，还能在此获取多方资讯，如股市走向情况、中外银行汇率等金融信息。这些资讯会同步更新到个人的各种智能终端上。重要的是，这个平台有着 24 小时远程人工服务，并能为你量身定做一套合理的个性化理财方案。

在智慧城市里，理财理得顺，花钱花得更顺！移动支付，

这个重重地刺激了整个 IT 行业的味觉，让大大小小的 IT 企业充满惊喜与渴望。短时间内，这个新型支付方式拥有更安全、更便捷、多功能以及适用范围广的特点，更加蓬勃地发展。对比以往甚至古代，商品支付方式从以物易物，到货币支付再到纸币支付和信用卡支付，都没有很好地突破商品交易与购买的时空限制，但现在的移动支付依靠新一代智能化实施支撑，让人们随时随地捕捉所感兴趣的商品信息，即时进行购买和支付，突破了时空和以往支付过程的限制。

移动交易这种新智慧技术，除带给人们前所未有的舒适体验之外，也给各行各业带来更多的商机和重新洗牌的机会。其中，移动交易还被一个更大范围的名词所包裹，那就是电子商务平台。在智慧城市，传统的电子商务也开足马力，走向了下一站——智慧商务平台。这个靠着新一代智能设施所撑起的“大舞台”会把传统仅重点针对核心交易方面的电子商务平台扩张开来，把关注投入到每一个电子商务环节上。

在大数据云服务时代，庞大的数据整合加上强大的数据分析算法，使得每个人都能找到一套更加科学合理的个性化理财投资方案，还有各种智能终端的互联共享和更具人性化的人机交互技术，使得人们找到更方便快捷的交易方式。新一代智慧理财和智慧移动交易使得我们安心舒适地足不出户，日理万金！

智慧平台服务

大数据与业务的融合

大数据发展的重点并不是尽可能收集起整个区域、整个城市所产生的信息数据，就能为以后的网罗用户做足准备，创造出丰厚的商业价值。在智慧城市里，将新一代通信技术、信息处理技术、传感技术、人机交互技术及软件技术等与大数据结合起来，使得信息技术形成了一个完整的体系。智慧城市就是这个体系的极佳表现，基于这个体系下，智慧城市滋生出很多新兴且有巨大活力和潜力的产业，其中就有智慧平台服务。

新的智能技术促进了新的智能化基础设施的出现，以此为基础的智慧城市模糊了虚拟和现实世界的界线，用数字化数据及其运算在虚拟网络世界里逼真地表示出现实世界里的各种社会关系或活动，或者说社会生存和社会交往方式。可以这样说，在智慧城市下，我们都能足不出户，办尽天下事！

下面就介绍几个新型智慧平台服务的“庐山真面目”：

智慧行政平台服务。在智慧服务平台下，政府各部门数据都互通互联、衔接度快，就像流水线上的汽车组装，不延迟的流水作业，最后便能一气呵成！还有，平台基于大数据的分析，信息收集快、交流速度快以及分析力度大，减少人工的失误和延迟，并有更多基于信息的可公开监督。这样的工作方式不但有透明度，而且还高度提升行政服务的效率。

智慧医疗平台服务。通过由新一代智能基础设施所支撑的智慧医疗服务平台，我们就能抛掉以往对医疗体系的担忧

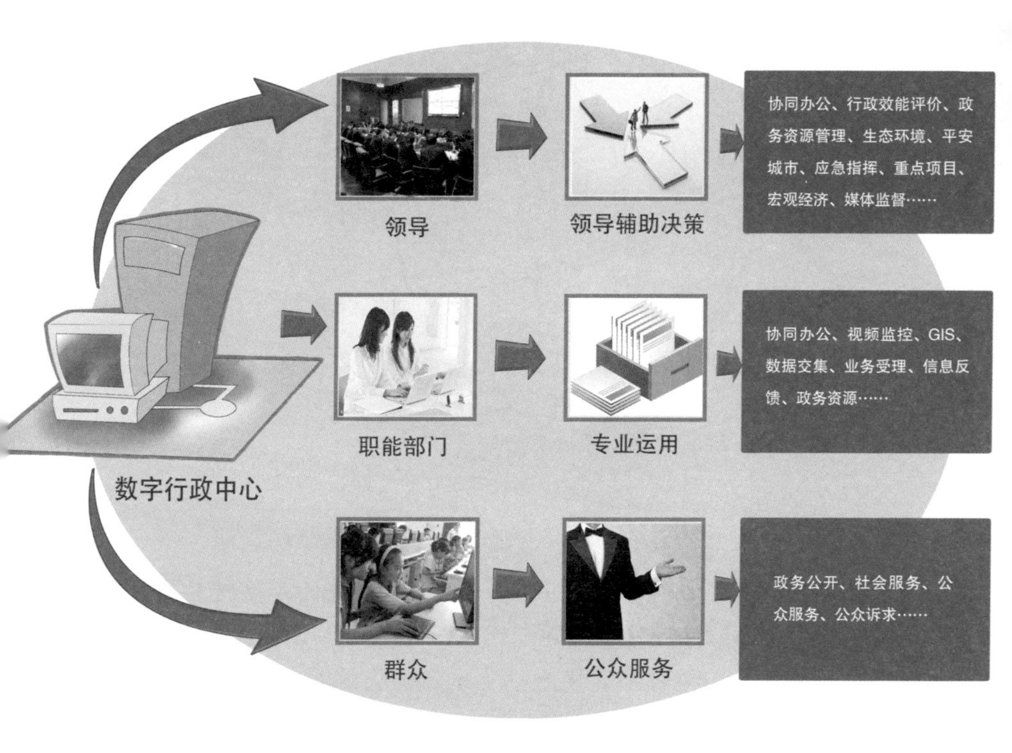

和无奈。智慧医疗平台能对疾病医疗服务、医院内部工作情况和医院之间的沟通、医药资源的购买与分配情况这三方面进行管理。智慧医疗平台通过对城市居民的医疗和体检信息以及各医院的数据信息进行整合分析，通过建模分析，就能得出各区域居民的健康状况和疾病发生情况，从而能更有力地调动区域内的医院进行对疾病预防和针对某种高发率的疾病制订有利的医疗方案。还有在这平台下，可以加强各医院之间的交流和信息共享，从而更好地为疾病预防与治疗以及患者服务。在云服务、物联网以及人机交互等技术领域，还能建立起多个适合医疗和疗养的舒适的智慧社区。

在智慧城市里，在大数据的支撑下，智慧服务平台的出现，体现了城市产业的进化。智慧服务平台就是通过从现实环境和资源到综合应用的全部数据化，在传统社会基础上构建一个网络虚拟空间，从而拓展整个现实社会的时空维度，可以说加强社会各部分的黏合度，从而提升整个社会的运作效率，使到多种传统业务的功能得以拓展和整合，从而在此基础上出现更综合的新服务产业，并更富有效率。

大数据的新应用

在智慧城市里，我们可以使用基于图片内容的智慧搜索服务，这种服务是利用大数据分析、挖掘技术以及机器学习等作为其坚实后盾。这也生动地表达出古代“按图索骥”的一种正面体现。

在大数据时代下的智慧城市中，基于新一代智能基础设施，我们都渴望得到更快速、更便捷、更人性化及全面舒适的服务。大数据的分析是其中的关键，同时在用户角度看来，如何从大量数据中进行集中分类以及过滤信息，从而进行更快速、更精确的分析并提供解决方案是最为迫切的需要。整个智慧城市的一切社会活动或运营都是基于新一代高速通信网络上，而智能化基础设施是实现与体现的工具。

智慧图形搜索服务有很多好处，比如当用户不知道自己所要搜索的对象叫什么的时候，就无法通过文本方式去搜索；但假如知道对象的外观特征或抽象概念，就能快速找到该对象。这种方式就是生动地模拟人类通过印象或想象去认知物体的方法，如人就是会直观通过人或物体的外部轮廓特征去认识或记住他们。很明显，这种智慧服务更接近于拟人化，更具智慧性。

智慧图形搜索服务，就是利用大数据分析和新一代高速通信技术让直观的图片成为数据之间交互过程的较小单元。这种服务就有追踪和查找个体的功能，可用在警察追踪疑犯或寻找失踪的人或物体。

新一代智慧技术就能在这海量数据里正确地按图搜物，而不会有着像伯乐儿子捧着父亲的“相马经”找千里马，最后却找到一只癞蛤蟆的滑稽表现。智能设施之间的数据交换也能通过智慧图形搜索进行生动的交流和连通。只要数据以图像形式呈现在云服务平台的时候，智慧图形搜索就能像人类那样通过对物体的印象，同时有着像狗那般敏锐的嗅觉和像老鹰那般敏锐的眼力，甚至都拔高一筹，而去查找和定位物体。

如果大数据的功能和用处可以更生动地向我们展示，那同样也可以把数据内容转化为可直观的图表形式，那就是大数据的可视化。数据可视化可以说是对大数据分析的完美体现，让海量而又枯燥无味的数据以简单直观且生动的图表形式表现出来。数据可视化与智慧图形搜索服务的结合就更生动地体现出大数据分析的完美形象。

这种数据可视化和图形搜索所结合的智慧服务，还能用在建立特定地理位置数据，或称为热点地图。只需一瞬间就能清晰了解该热点在某区域的分布情况和发生频率情况。热点可以为天气情况、各地区人们的消费情况甚至有互联网发生中断事故等。

3 智慧交通

智慧车联网

在智慧城市出现的车联网中，“笨重而具有金属机械感”的汽车也摇身一变，跟“小清新”的智能手机或平板一样，也成为智慧终端移动设备。而汽车就充当了车联网这一新型信息网络中的关键节点。为了能搭上智慧车联网这趟快车，汽车制造行业，还有移动通信行业、互联网行业以及终端硬件行业之间通过各项合作来把自家的技术和管理模式都整合到汽车上，从而衍生出新的产业链。经过不断的扩展与完善，车联网必然会成为智慧城市的一个新型智慧大产业。

卫星或移动通信、移动互联网以及大数据分析等行业在车联网中的“大动作”，都给其发展趋势带来了深度的影响，

如提供更多元化的应用和精准而人性化的服务内容，以及更智能拟人化的互动服务方式。在车载终端的发展趋势中，使用语音或手势动作作为交流方式与车载终端进行互动。

车联网包括汽车终端和通信网络在内，在新一代智能化设施的支撑下，都不会再遵循传统汽车领域的产业化发展模式，而是朝着服务化方向发展，而其本身应用的发展方向就是通过智慧服务方式去解决交通实际问题，如监控车辆行驶安全，合理调度车流量而防止城市上下班或节假日高峰期出现的交通堵塞等，实现人、车、路的协同交互。

再从技术角度来看产业的发展，车联网就是以通信、大数据以及终端硬件支撑，并在多边性的应用平台的基础上，

以信息服务平台来呈现出功能和作用的结构体。所以，产业要得以更繁荣的发展，必须要将车载终端与通信网络以及移动互联网无缝地融合起来，并要在不同软硬件商中进行权衡分析而制定出统一的通信或连接的接口标准，使得平台之间或车载终端与平台之间能平滑对接。

从商业角度来看，车联网这一崭新平台需要有着良好的商业方式或营销方式来进一步开阔车联网市场应用，比如国外正在通过与金融车险业深度的合作来带动车联网在应用方面上的创新。

智慧城市中，车联网的发展能有效解决日益突出的与汽

车相关的社会问题和社会矛盾，如汽车与道路问题、环境问题、能源问题以及汽车行驶安全。而车联网这一崭新的智慧新产业也会继续不断革新和发展，智能新时代的发展也给予了它更巨大的市场空间。

交通全定位，“云”游天下

智能交通系统（Intelligent Transportation System，ITS）是未来交通系统的发展方向。它是将先进的信息技术、数据通信传输技术、电子传感技术、电子控制技术及计算机技术等有效地集成运用于整个交通运输管理系统，而建立的一种在大范围内、全方位发挥作用的，实时、准确、高效的综合交通运输管理系统。

面对当今世界全球化、信息化发展趋势，传统的交通技术和手段已不适应经济社会发展的要求。智能交通系统是交通事业发展的必然选择，是交通事业的一场革命。通过先进的信息技术、通信技术、控制技术、传感技术、计算器技术和系统综合技术有效的集成和应用，使人、车、路之间的相互作用关系以新的方式呈现，从而实现实时、准确、高效、安全、节能的目标。

（1）车辆控制系统

指辅助驾驶员驾驶汽车或替代驾驶员自动驾驶汽车的系统。该系统通过安装在汽车前部和旁侧的雷达或红外探测仪，可以准确地判断车与障碍物之间的距离，遇紧急情况，车载电脑能及时发出警报或自动刹车避让，并根据路况，自己调节行车速度，人称“智能汽车”。

（2）交通监控系统

该系统类似于机场的航空控制器，它将在道路、车辆和驾驶员之间建立快速通信联系。哪里发生了交通事故，哪里交通拥挤，哪条路最为畅通，该系统会以最快的速度告知驾驶员和交通管理人员。

（3）车辆管理系统

该系统通过汽车的车载电脑、高度管理中心计算机与全球定位系统卫星联网，实现驾驶员与调度管理中心之间的双向通信，来提高商业车辆、公共汽车和出租汽车的运营效率。该系统通信能力极强，可以对全国乃至更大范围内的车辆实施控制。

（4）旅行信息系统

该系统是专为外出旅行人员及时提供各种交通信息的系统。该系统提供信息的媒介是多种多样的，如电脑、电视、电话、路标、无线电及车内显示屏等，任何一种方式都可以。无论你是在办公室、大街上、家中或汽车上，只要采用其中任何一种方式，你都能从信息系统中获得所需要的信息。

延伸阅读

满负荷但不拥堵

智能交通将使乘车者充分享受高技术带来的乐趣。智能交通不只是告诉你哪里不堵车，它还能通过城市道路动态收费，积极地调整车辆流向，提高交通资源使用效率。交通控制中心将随时监测城市主要道路的车流拥挤状况，可通过适当提高拥挤道路的过路费用，降低车辆稀少道路的收费，有效地引导车辆向车辆较少的路段分流，使整个城市道路处于满负荷，却几乎不发生严重的道路堵塞。

电子指路牌

智能交通时代，不光是有车族的天堂，先进的公共交通系统也为人们提供周到的服

务。在每一个停车站，都会矗立着一个电子指路牌，你所在的路上有哪几条公交线路，起始站、终点站在哪里，首末车时间、发车时间间隔多长等等各种信息应有尽有。更让人们惊喜的是，指路牌上醒目地显示着：即将到来的下一趟车是哪一路，几点几分到站，车上人多人少。

GPS：全球定位

公共汽车以前都是根据固定的时间表，隔几分钟发一趟车，即使前一辆车刚走出不远就堵在那里，调度员也无法知道，下一辆车照发不误。而有了GPS，每一辆公共汽车的位置都会通过卫星定位系统报告给调度员，调度员可以按公共汽车之间的距离发车，从而提高公共汽车的利用率。

一路绿灯不是梦

智能交通不仅高效、便利，还是“绿色交通”。交通的顺畅将大幅度减少车辆在路上的迟滞时间，使得汽车尾气的排放也大大减少。有专家认为，只要每辆汽车每天少排尾气10分钟，空气质量就可以明显改善。

六　丰满智慧树冠
——智慧城市的管理和运行

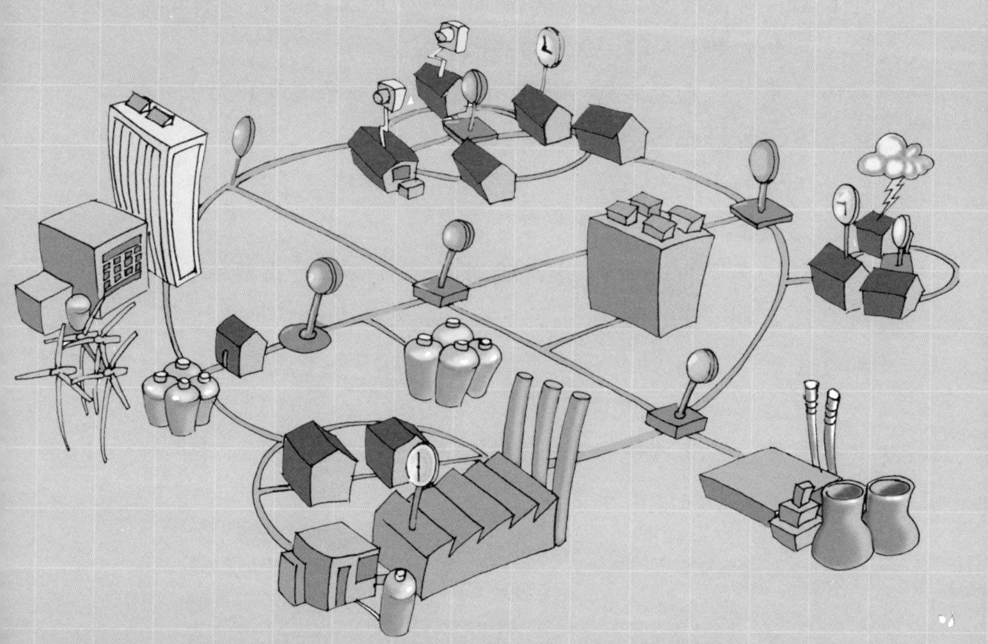

小故事 珠江三角洲敢为天下先

二十世纪七八十年代，是广东历史上令人热血沸腾的火红年代。1979 年 4 月，广东省委第一书记习仲勋在中央工作会议上汇报了广东情况后，邓小平表示支持广东在改革开放方面“先走一步”，“杀出一条血路来”！紧接着，珠江三角洲等地便掀起了轰轰烈烈的“工业革命”。

办工业，要有钱。钱从何来？其实在广东深圳一桥之隔的香港就是亚洲的一个金融中心，爱国的港澳同胞和华人资本家都愿意回故乡投资建设，为了吸引这些华人回故乡投资，广东人决心“栽下梧桐树，引来金凤凰”。首先，为了穿越珠江河川之隔，广东采取“以桥养桥，以路养路”的办法，吸引外资投资修桥开路，然后以过路费、过桥费的形式偿还外资，从而在全省建起了联城通村的公路，华人资本家、财团纷纷进入广东各市、县，以至各乡、各村都掀起了洽谈开设工厂、企业的热潮。

1978 年，从东莞实行“筑巢引凤、办事一条龙”以后，广东各市都纷纷把各个相关部门集中到一个窗口，办理对外经济工作的事务和盖章。广州在东方宾馆建起了“对外经济工作一条街”，宝安建起了“对外服务一条龙”，惠州的“外经一条龙”更实行外商随到随谈，项目随报随批，有时甚至做到“上午谈判、下午签约、翌日上午报批、下午批复生效”，大大简化了办事程序，提高了办事效率，大大缩短了办事时间，促进了外资蜂拥进入广东。这种办事方式和办事速度竟然近似于今日智能化的“网上政府”，极大地推动了广东经济快速发展。

1 政府爱上“云”，强化智慧城市管理

电子政务网络平台，让纸张“退位”

电子政务的主要形式包括：政府到公民（G2C）或政府到消费者（G2C），政府到企业（G2B），政府到政府（G2G）和政府到员工（G2E）。

运用计算机、网络和通信等现代信息技术手段，实现政府组织结构和工作流程的优化重组，超越时间、空间和部门分隔的限制，建成一个精简、高效、廉洁、公平的政府运作模式，以便全方位地向社会提供优质、规范、透明、

符合国际水准的管理与服务。它包含多方面的内容，如政府办公自动化、政府部门间的信息共建共享、政府实时信息发布、各级政府间的远程视频会议、公民网上查询政府信息、电子化民意调查和社会经济统计等。

在政府内部，各部门之间可以通过网络实现信息资源的共建共享联系。传统办公模式讲究的是公文往来，即使是近在隔壁房间的不同部门，也必须打印成公文，由收发员输送。而如今通过电子政务平台云端，可以实现本地和云端的数据同步，实现无纸化办公。碰到紧急事件，还可以通过远程方式，举行网上会议，让出差的负责人上网，“面对面”地开会，既省下了来回折腾的差旅费用，又提高了会议的效率和有效性。

总之，通过电子政务平台，一个简单的地址加上口令，就可以实现无纸化办公，既提高办事效率、质量和标准，又节省政府开支。政府作为国家管理部门，其本身上网开展电子政务，有助于政府管理的现代化，实现政府办公电子化、自动化、网络化。

在日常生活中，人们往往需要办理各类证件、保险等，如果按传统方式办事，就得跑各个部门咨询，询问办理的程序、需要准备的证件及证明，甚至还要问清各部门的办公时间，然后依次到各部门去排队、盖章，十几个部门跑下来，办一个证件顺利的话也要几个星期的时间，过程苦不堪言……而如今有了电子政务平台，像这样尴尬的事就不会再发生了。

通过互联网这种快捷、廉价的通信手段，政府可以让公众迅速了解政府机构的组成、职能和办事章程，以及各项政策法规，增加办事执法的透明度，并自觉接受公众的监督。电子政务具有提高效率、增强政府的透明度、改善财政约束、改进公共政策的质量和决策的科学性，建立良好的政府间、政府与社会、社区以及政府与公民间的关系，提高公共服务的质量，赢得广泛的社会参与度等优点。

延伸阅读

两天办完半个月的事

李先生即将出国，为了保留党籍，他直接在网上向街道办事处提交了申请。令他惊喜的是，原来需要半个月才能逐级审批完成的手续，在两天内就全部办好。这正是公共服务信息化带来的便利。

社区管理与公共服务信息化的建设，让居民“少跑一趟路，少过一道程序”，通过信息网络技术对业务进行流程的简化、优化。使得原本复杂的程序优化成更简单的步骤。

“跑断腿、磨破嘴”，依照经验，到政府机构办事情没有点耐心还真是不行。但是电子政务监控的出现，却打破了这个局面。多次办变为一次办，拖着办变为快速办，随意办变为规范办，暗箱操作变为阳光工程。

电子政务监控系统，使得申办人可以通

过评价“满意、不满意、基本满意”给办事人员打分，从而政府监察部门可以及时地了解政务的质量和效果，通过技术手段实现全过程监察。

传统模式中，我们往往需要通过打电话、写信投诉等表达心声，而通过电子政务平台，则可以更轻松快捷地反馈满意与否以及提出相关的意见。

平安城市、放心生活，减少灾难发生

想让我们生活的场所更安全，运用科学、先进的技防手段构建一个强大的安防网路来保证整个城市的安全，是最为行之有效的。用现代信息通信技术，可以达到指挥统一、反应及时、作战有效、打击违法犯罪的要求，从而适应我国在现代经济和社会条件下实现对城市的有效管理，加强中国城市安全防范能力，加快城市安全系统建设，建设平安城市、构建和谐社会。

党政机关、机场、商城、复杂路段……这些公共区域的安全，需要政府的大力监管，保障公民的生命财产安全，摒除动荡不安，保障安宁、稳定的生活。套用一句大家常见的保险广告 “天有不测风云，人有旦夕祸福”，公共安全的建设，能够改善“不测”的情况。传统公共安全中，往往采用

人力监管，反应不够迅速，预警也不够科学，许多悲剧无法挽回……然而智慧城市中平安城市的应用，能为我们带来新的希望。

平安城市，利用平安城市综合管理信息公共服务平台，包括城市内视频监控系统、数字化城市管理系统、道路交通等多个系统，利用市区级数据交换平台实现资源共享。系统前端数据通过视频监控系统采集并传输到市、区监督指挥调度中心。监督指挥调度中心管理平台由数据库服务器、存储服务器、报警服务器、调度控制服务器、流媒体服务器和其他服务器组成。全国城市报警与监控系统是建设平安城市的重要组成。

（1）平安城市应用，提供安全保障

智慧城市时代，治安巡逻不再是几个警察、保安四处警惕查看，而是通过图像监控系统，实行网上可视化治安巡逻。密布城市的摄像头，监控着城市的各个角落，让黑暗里的罪恶无处遁形。它与人巡、车巡等主要巡防手段相比，具有高效性和隐蔽性，具有更强的威慑力。

想必大家有过这样的经历，在拨打 110 之后，由于没有监控设备，只能通过口述描述现场，与真实情况相差甚远。而智慧城市时代通过图像监控系统，不仅可以在当事人报案的第一时间，直观地看到警情周围的动态情况，还能通过协

助指挥中心有效指挥调度。110 警车上装载的监控可实时监视处警现场的动态，一箭三雕，有利于实时记录现场图像，也可以保护处警人员，还可以促进规范执法。

（2）城市应急系统

将公安、交通、通信、急救、电力、水利、地震、人民防空及市政管理等政府部门纳入一个统一的指挥调度系统，处理城市特殊、突发、紧急事件和向公众提供社会紧急救助服务的信息系统，实现跨区域、跨部门、跨警种之间的统一指挥，快速反应、统一应急、联合行动，为城市的公共安全提供强有力的保障。城市应急系统是一个集话音、数据、图像为一体，以信息网络为基础，各分系统有机互动为特点的整体解决方案。

当今世界，随着国际安全局势的日益紧张和工业事故的

日益增加，人类的生存安全正在面临着巨大的考验，比如恐怖事件的发生、毒气泄漏事件的发生、有毒化学品泄漏的发生……“天有不测风云，人有旦夕祸福”，而城市应急系统为我们的生活提供了无法比拟的作用。公共安全是人们日益关心的大事。

因此我们也认识到，对灾难事件做出正确的评估分析和采取及时有效的应急反应已变得至关重要。而要实现这一目标，城市联网体系的建设也必须同步完成，否则就难以实现真正意义上的实时监控和快速反应。

智能“电管家”帮你省能源

作为世界上最大的发展中国家，中国是一个能源生产和消费大国。能源生产量仅次于美国和俄罗斯，居世界第三位；基本能源消费占世界总消费量的 1 / 10，仅次于美国，居世界第二位。发展经济与环境污染的矛盾比较突出。近年来，能源问题日益成为国家乃至全社会关注的焦点，也日益成为中国战略安全的隐患和制约经济社会可持续发展的瓶颈。

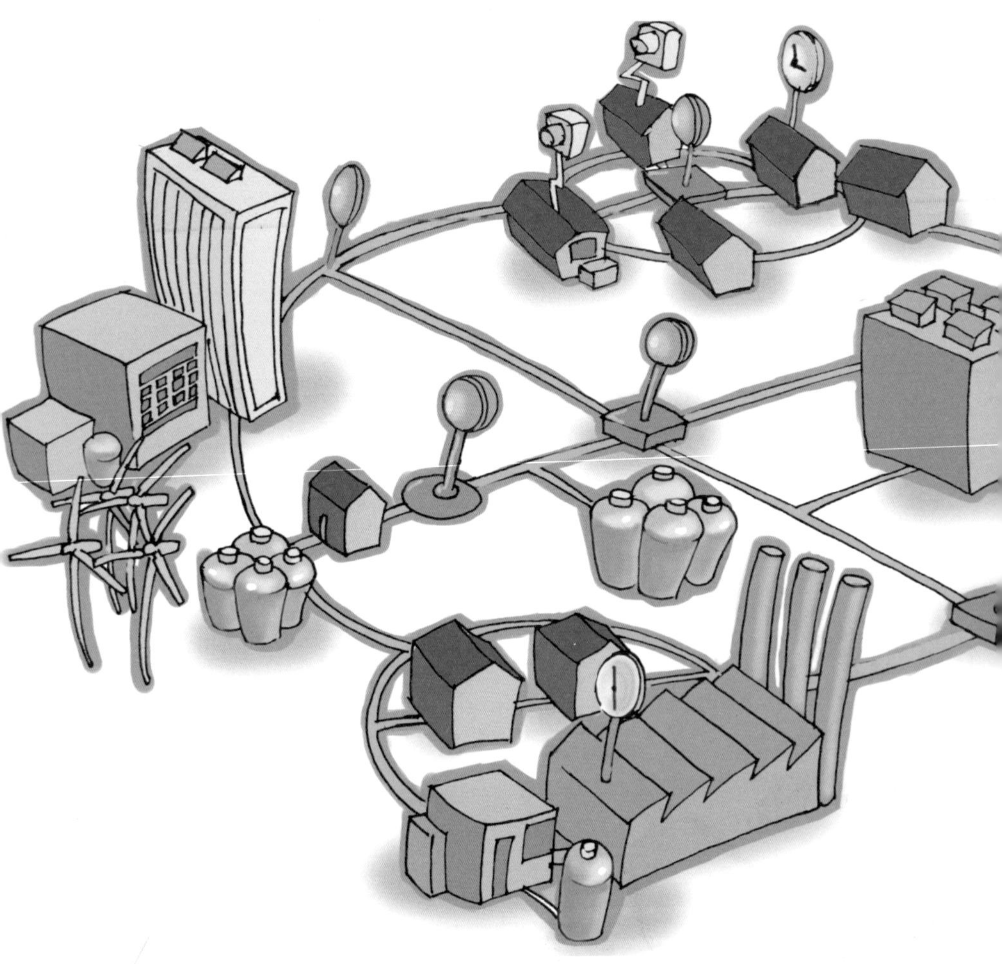

电能是最主要的能源之一。随着我国经济的迅猛发展，电能消耗越来越多，许多地区甚至出现电能短缺现象。如何科学用电、合理用电，就成为一个重大的问题。随着通信网络的完善和用户采集技术的推广应用，随着各种新技术的进一步发展，智能电网应运而生，它是社会经济发展的必然选择。

智能电网就是电网的智能化（智能电力），也被称为“电网 2.0”，它是建立在集成的、高速双向通信网络的基础上，通过先进的传感和测量技术、先进的设备技术、先进的控制方法以及先进的决策支持系统技术的应用，实现电网的可靠、安全、经济、高效、环境友好和使用安全的目标，其主要特征包括自愈、激励，以及包括用户、抵御攻击、提供满足 21 世纪用户需求的电能质量、容许各种不同发电形式的接入、启动电力市场以及资产的优化高效运行。

简单来说，如按需供电，智能管理。通过对用户用电量的智能分析，进行科学的配电、送电。智能电表区别于传统电表，可以进行电价的实时计算。而智能交互终端更是为我们的生活提供了便利，利用先进的信息技术，进行统一的监管，调控更加人性化。

 环境保护更科学

我国经济社会发展与资源环境约束的矛盾

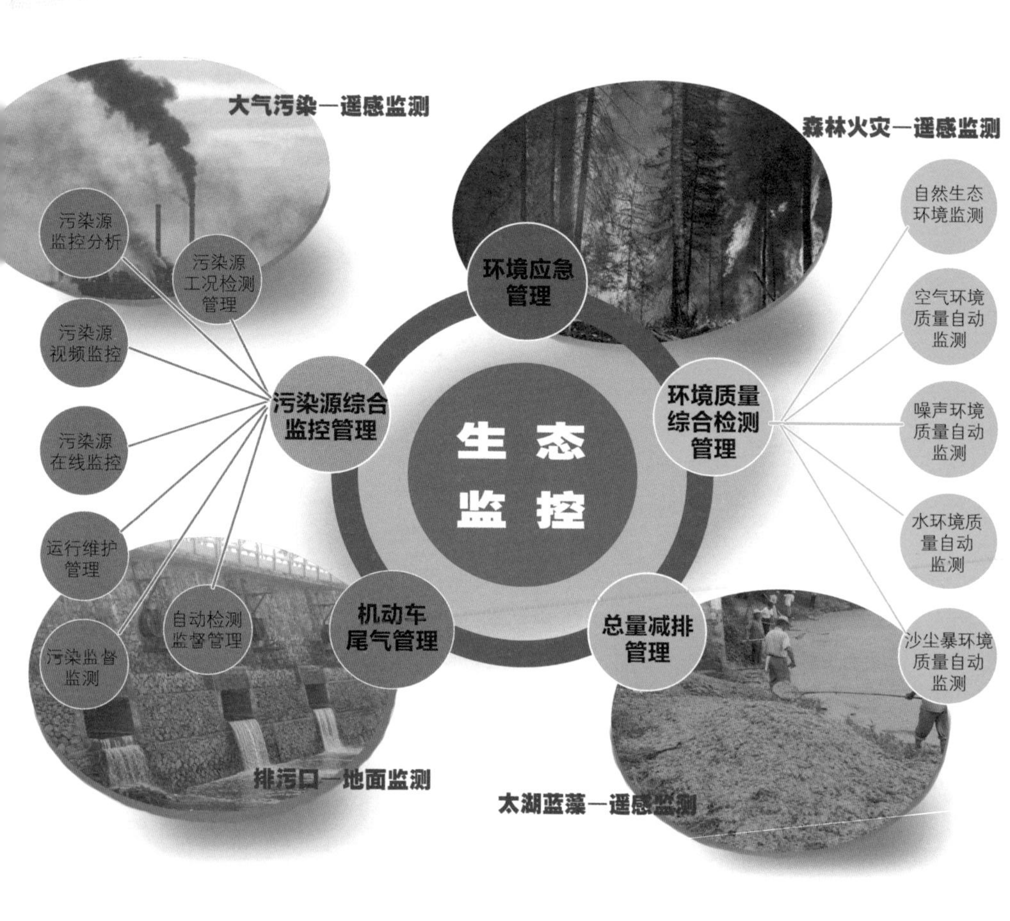

日益加剧，环境污染问题突出，环境保护形势严峻，严重制约经济的发展，危害人民健康及社会稳定。传统的环境监测系统对环境污染尚不能进行全方位的实时动态监测，不能满足政府部门对环境信息采集、管理、分析、决策等方面的需求，导致环境保护监控不力，环保执法力量薄弱，环境恶化加剧。

智慧环保，是借助物联网技术，把感应器和装备嵌入到各种环境监控对象（物体）中，通过超级计算机和云计算将环保领域物联网整合起来，可以实现人类社会与环境业务系统的整合，以更加精细和动态的方式实现环境管理和决策的智慧。

环境质量监测预警平台，通过数据采集、数据管理、查询统计、报表定制、环境评价等多种手段，进行更科学有效的监测预警。同时，环境应急指挥平台在应急预警、应急接警、应急指挥、决策支持、应急评价方面也更加准确、快速。

政府可以通过网上监测管理平台进行实时水质、空气、噪声、烟气等的在线监测。

我国智慧环保体系建设的主要任务

（1）支撑“削减总量”，建立污染源监管与总量减排体系

根据“十二五”污染减排管理工作的实际需求，为确保减排污染物数据“查得清、摸得准、核得严”，应结合强化结构减排、细化工程减排、实化监管减排的具体要求，采用信息化技术，强化污染源监控，完善污染减排信息资源，形成总量减排决策支持能力。

（2）支撑“改善质量”，建立环境质量监测与评估考核体系天地一体化的环境应急监控体系：提高卫星、航空等遥感数据在环境监测领域应用的深度和广度。完善环境遥感监测技术体系，提高水、空气、生态遥感监测能力，初步形成环境监测“天地一体化”格局。

绩效评估体系：为适应环境管理从总量控制管理阶段向质量管理阶段的转变，需以环境质量为重要依据，建立环境管理评估考核体系。并通过信息系统支撑环境管理的绩效评估，为量化各级环保部门环境管理成效提供信息化支撑。

（3）支撑“防范风险”，建立环境预警与应急体系

近年来，随着我国经济的迅猛发展，生产领域不断拓宽，社会活动强度日益增大，重大环境污染事件频繁发生。我国各级政府高度重视环境应急管理工作，应全面加强环境预警与应急体系建设，提升环境风险防范水平、提高环境预警水平以及提升突发环境事故处理水平。

（4）提升管理决策水平，建立环境信息

资源共享与服务体系

信息共享体系建设：为实现“一数一源、一源多用、数据共享”的环境信息化建设目标，需要建立环境数据中心，集成整合来自各种环境业务应用系统中的数据，实现对不同位置、不同格式数据的共享和访问。

信息服务体系建设：为实现环境信息资源化、信息服务规范化目标，需建立信息资源服务平台，为各级领导决策、内部信息共享和公共信息发布三类不同层次的信息服务需求，有针对性地及时、准确、多渠道提供环境信息服务。

智慧城市管理运行，各有结构模式

六市联动，治理珠江污染

2014 年 7 月 13 日下午，广州珠江河段举行了一年一度的横渡珠江活动，珠江沿岸的广州、佛山、东莞、中山、肇庆、清远六市的市长和市民共 2 000 人，浩浩荡荡地从中山大学北门码头游到了对岸的星海音乐厅，各市的市长和市民上岸后，都夸赞今年的珠江水质比往年又有所提高，还有人在横渡时特意喝了两口，说是今年的珠江水没有异味，比去年又好点了。

广州举行横渡珠江活动始于 2006 年，至 2014 年已是第九个年头。每年横渡活动，广州等各市市长都带头下水。下了水，就能亲身体验到河涌治污、沿江企业的污染治理以及水上船只污染治理的成绩如何。各市市长畅游后，再上岸共商上下游城市联动共同治污的规划——这个过程可以说是六市共同治理珠江污染顶层设计的一次检查，而市长们回去后对本地河段进行污染治理，实际上就是在实施网格化管理。

智慧城市的管理，实际上就是利用物联网和计算机技术，对城市的道路、交通、供水、排水、燃气输送、环境卫生、园林绿化等市政事务进行全方位的持续监测、管理和协调——即利用物联网和在线监控技术实时有效地管理城市。

在线监控技术实时管理城市

在线监控技术是从 20 世纪 60 年代后期开始发展起来的。当时 IBM 公司和一些公共服务企业开始开发“计算机化的设施管理”（FM）和“自动制图”（AM）技术，为城市的网格化管理提供了有力的工具。这种基于地理信息的设备和生产技术很快就应用到了电力、煤气管道、阀门管控、仪表和土地管理部门，为城市管理的实时监测控制打开了大门。

从 20 世纪 90 年代到 21 世纪初，是地理信息系统（GIS）普及和推广应用的阶段，地理信息系统与自动制图与设施管理系统相融合（AM/FM/GIS），使城市网格化的管理又进了一大步，一些实用新软件也应运而生，比如当时研制成功的“地下管线信息系统”，使城市管理从地面深入到了地下，为地下各种管道的监测、控制和维护提供了准确的信息和强有力的新手段。又如新软件“市政设施管理系统”，使现实城市（即物理城市）的市政基础设施数字化，从而揭开了数字城市建设的帷幕。广州的“数字城市”理念就是在 2004 年提出来的。

随着传感器种类的增多、应用范围的扩大，物联网应运而生，这样就给城市的管理提供了超凡的能力。如今人们已把上述的自动制图与设施管理技术、地理信息系统技术、技术采集与监视控制系统技术，与物联网结合起来，这样就能够实时监控和足量分析：市政设施的运行维护情况（比如管网的运行是否通畅、管道有没有损坏现象，是否需要修补等），对各项市政服务的质量监控（比如供水、供气、供燃气的数量多少、质量好不好等），从而实现对市政设施的智能化管理，这也是从数字城市向智慧城市飞跃的关键一步。

延伸阅读

在线监控系统

智慧城市的在线监控系统的架构是由物联网支持。

感知层：感知层可以对物理城市进行智能感知识别、信息采集处理和自动控制，并通过信息模块把物理城市的物联网连接到在线控制系统和网络层、应用层。

传输层：传输层主要是实现信息的传输、路由和控制，它连接互联网、物联网和移动通信网，也可以接入行业的专用通信网，通过异构网的融合技术而传输信息。

监控接入层：这是在线监控系统关键的一环。实现对市政设施、运行状态及监控对象进行全方位的在线监控，从而实现对市政事务的精细化、智能化管理。

服务层：其利用云计算技术、物联网和总线服务技术等，实现跨平台运行，把各市政行业所需要的信息放置于信息开放平台，为市政行业提供丰富的、适合的信息服务。

大数据促进智慧城市产业发展

2013年，国家发改委等部门提出了《关于促进智慧城市健康发展的指导意见（草案）》，其中指出智慧城市建设的发展目标：智慧城市的基础设施要更加智能，公共服务要更加便捷，社会管理要更加精细，生态环境要更加宜居，智慧城市的产业体系要更加优化。这五项发展目标，实际上就是对智慧城市的管理和运行所提出的要求。而联合国也提出了对智慧城市评价的经济指标——智慧城市要在能源消耗降低一半的水平上，把 GDP 增长一倍。这个经济指标显示，即要从智慧城市的管理特别是运行中去寻求。因此，智慧城市如何运行就显得特别重要。

对于智慧城市的运行，各国已经设计了许多方案，其中所运用的技术最重要的是引入了大数据对城市运行的数据分析。牛津大学教授维克多 · 梅耶 – 舍恩伯格在他所著的新书《大数据》中说：大数据正在重塑整个经济，现在只是处于起步阶段。这将是一场“革命”，将对各行各业带来深刻影响，甚至改变我们的思维方式。

大数据创造的奇迹如今已遍及许多行业。比如，信用卡公司可以利用大数据的分析，追踪某些公司，迅速发现其资金异动的迹象，再向持卡人发出对该公司情况的警示；又如风电公司可以利用大数据分析气象数据，很容易就能选定建设新风电机场的理想地点；再如柏林一家医学研究所，可以利用大数据为每个癌症患者找到独特的个性化治疗方案；大数据在安全防卫方面的作用更是神乎其神，美国加州圣克鲁斯市警察局利用大数据的分析，可以预先计算出夜盗、抢劫、偷车最可能发生的地点，然后派警察去守株待兔，其中 2/3 的警察都能抓住罪犯。而大数据最为轰动的成功范例发生在足球世界，2014 年 7 月 13 日，德国队主帅勒夫利用大数据分析，率领德国队在巴西的马拉卡纳球场，以 1 比 0 战胜了强大的阿根廷队，第四次夺得了世界杯赛的大力神杯，震惊了全世界。

 智慧城市运行系统

支持智慧城市高效运行的关键技术体系，包括大数据

（及其数据存储挖掘技术）、云计算、空间地理信息定位技术（GPS），同时还包括与城市管理系统共同拥有的物联网技术。

智慧城市运行系统的总体结构应当包括运行支撑层、数据层、平台层、表示层（其中包括法律法规标准规范和安全体系）、应用层。如果与前述的城市管理在线监控系统相比较，运行系统的运行支撑层实际上就是在线监控系统的网络层和感知层；而运行系统的数据层则与监控系统的服务层相近，因为在数据层中包括云计算和大数据的数据库，海量的数据在这里经过专业性的分析，就成为运筹帷幄、决胜千里的神机妙策；运行系统的应用层则是面向公众的平台，其中包括多媒体、电视广播、电信通信等多种可以对话和扩大宣传的技术。

生活高科技，腾“云”驾雾伴你行

看病不排队，病症“云”知道

智慧医疗（英文简称 WIT120）是最近兴起的专有医疗名词，通过打造健康档案区域医疗信息平台，利用最先进的物联网技术，实现患者与医务人员、医疗机构、医疗设备之间的互动，逐步达到信息化。

在不久的将来，医疗行业将融入更多人工智慧、传感技术等高科技，使医疗服务走向真正意义的智能化，推动医疗事业的繁荣发展。在中国新医改的大背景下，智慧医疗正在走进寻常百姓的生活。

 智慧医院移动应用

（1）一站式就诊

智能分诊、手机挂号、门诊叫号查询、取报告单、化验单解读、在线医生咨询、医院地理位置导航、疾病查询、药物使用、急救流程指导等，实现了医院就诊的一站式服务。智慧医院应用需要真正落实到具体医院、具体科室、具体医生，将患者与医生点对点的对接起来。

（2）个人健康档案管理

个人健康档案如何管理？如果想知道自己的历史就医记录，除了翻阅一本又一本纸质的病历外，根本无从查阅。在

哪家医院住了几天，用过什么药，上一次怎么治疗的等，每到复查或者犯病时，总是需要翻箱倒柜的去找病历，时间久了还可能记不清或者记错。移动医疗的出现，让每一个患者都可以通过手机应用查看个人曾在医院的历史预约和就诊记录，包括门诊 / 住院病历、用药历史、治疗情况、相关费用、检查单 / 检验单图文报告、在线问诊记录等，不仅可以及时自查健康状况，还可通过 24 小时在线医生进行咨询，在一定程度上做到了“身体不适自查，小病先问诊，大病去医院”的正确就医态度。

（3）区域卫生系统

区域卫生系统由区域卫生平台和公共卫生系统两部分组成。区域卫生平台能够收集、处理、传输社区、医院、医疗科研机构、卫生监管部门记录的所有信息。运用尖端的科学和计算机技术，帮助医疗单位以及其他有关组织开展各项工作。制订以个人为基础的危险因素干预方案。

若电子健康档案（Electronic Health Record,HER）建立，则更加的人性化，有效避免了个人健康记录的遗失，帮助医生更好地诊断病情。

（4）家庭健康系统

家庭健康系统是最贴近市民的健康保障。针对行动不便又无法送往医院进行救治的病患，可以进行远程视讯医疗，

在一定程度上减少了因距离而产生的无法有效医治问题。同时，还可以对慢性病和老幼病患远程照护，更加贴心而周到。对智力障碍、残疾、传染病等特殊人群进行健康监测。

家庭健康系统中的另一特色是智能服药系统。你是否有这样的经历：看完医生买好药，但是因为各方面的因素影响，常常会忘记用药时间，或者对于用药的禁忌了解并不特别清晰。到服药时间时，突然发现已经用完。这些都不是问题。智慧医疗能够自动提示用药时间，保证了按时服药；同时也可以智能提醒你服用禁忌，避免发生冲突；剩余药量提醒功能等，更是能够充分地帮助你做好安排。

科技新园区，智能“云”帮忙

随着新一代智能化设施的出现，智慧城市中各种社会活动更有效率和便捷，让城市区域内部或区域与区域之间的联系更紧密，基础设施更全面和便利。智慧园区就是信息化走向更广泛、更智慧、更具深度的一个智慧产物。随着城市化的脚步越来越快，城市载体越来越大，城市管理倡导分区域分园进行综合管理，更具效率和能最大化利用资源。

智慧园区的支撑就需要利用大数据分析、云服务、新一代高速通信技术及人机交互技术等各种新兴技术，从而形成多产业下的跨平台或者平台之间的综合服务，从而协助园区高效率管理生产，并进一步优化产业结构。除此之外，智慧园区还要符合该领域的区域特点，坚持和倡导智能、绿色以及低碳的可持续发展规划。

云服务平台是支撑起这个智慧园区信息流通的中心智能化基础设施，并且它是与外界进行交流的管道，是打破信息闭塞和死循环的孤岛表现最为有效的方式。云服务平台是基于大数据分析和计算，作为智慧园区的大脑，它为园区提供数据分析的应用，还有提供稳定可靠的基础软硬件，丰富的网络数据资源以及低功效的智慧服务和管理能力。

智慧园区可以说是智慧城市的一个缩影，也有着基于大数据分析的智慧服务平台，如智慧园区信息服务。当你身处智慧园区，你会发现都有着智慧与人性化的体现。园区内人员都配有一种 RFID 功能的智能芯片卡，可用于停车场管理，感应式门禁系统和签到系统以及园区消费等。

智慧城市的建设，不再是从单一的区域功能性要求如居住功能、商业功能、工业功能等去考虑分区建设，而是考虑一个综合所有能相辅相成的功能的社会区域，智慧园区的建设就是其中一个所体现的落脚点。智慧园区也是智慧城市的缩影，其建设也必然要扎根在自然生态和以人为本的基础上。智慧园区的节能建设就是一个与自然友好及与人友好的有益举动。同时，可对能源系统进行智能控制、监控及实时反馈问题。

还有智慧园区的智慧政务服务平台，就是利用新一代的智能基础设施去提高管理效率。在园区有多个智能终端平台能自助去办理个人业务，其中 RFID 的个人身份芯片卡能进行身份认证，同时信息平台上有着你一切的个人信息和业务

办理记录，智能终端能立刻调用这些数据进行处理，免去很多不必要的麻烦手续。同时还提供了更高效和便捷的公共服务，如将园区信息和安排、政务信息的数据进行可视化分析，将这些信息转换为生动的图片或动画，让园区员工一目了然，并让他们监督数据、提供数据、反映数据质量，接受人们对数据的质疑。

社区现代化，安全“云”掌控

城市最终发展到多么的现代化、智能化，最根本还是人类的载体，也是基于自然生态。在鸟语花香、欢快舒适的社区里，大人们有的匆忙去外出办事，有的坐在长椅上憩息和拉家常，有的悠闲地散着步……孩子们有的独自开心地玩滑梯，有的就结伴玩耍和打闹，有的就在静静看书和画画……这一切那么的和谐，这些在智慧社区里更为突出。在智慧城市里，在智能设备、云服务和人机交互技术的帮助下，可以使传统社区变得更安全智能和以人为本。

智慧社区的服务系统还能通过云服务采集社区男女老少的医疗健康数据分析，会时常通过住户家里的智能显示设备

因人而异地告诉住户要多做哪些有益健康的事情和注意营养饮食。对于那些常独自在家的老人，智慧社区的管理中心会向他们提供实时监控身体指数的智能手环。当智能手环感受到他们的身体指数极不正常的时候，就去发预警提示到社区管理中心和其家人的智能设备上，然后立刻通知社区医疗队去赶往实施救援。

智慧社区通过新一代智能技术，给人们提供了一个集系统、服务、管理于一体的和谐舒适、安全便利、丰富多彩的居住环境，让人们享受着更幸福有味且更有乐趣的社区生活！